畜禽养殖与日常诊疗

常耀坤　周振金　拉巴次旦　主编

U0320835

中国农业科学技术出版社

图书在版编目（CIP）数据

畜禽养殖与日常诊疗 / 常耀坤，周振金，拉巴次旦

主编. —北京：中国农业科学技术出版社，2019.12（2022.9 重印）

ISBN 978-7-5116-2466-6

I. ①畜… II. ①常… ②周… ③拉… III. ①畜禽－饲养管理 ②畜禽－动物疾病－防治

IV. ①S815 ②S851.3

中国版本图书馆 CIP 数据核字（2020）第 011485 号

责任编辑　徐　毅　周　朋
责任校对　李向荣

出　版　者　中国农业科学技术出版社
　　　　　　北京市中关村南大街12号　　　　　邮编：100081
电　　话　（010）82106643（编辑室）　（010）82109702（发行部）
　　　　　　（010）82109709（读者服务部）
传　　真　（010）82106631
网　　址　http://www.CASTP.cn
经　销　者　全国各地新华书店
印　刷　者　北京建宏印刷有限公司
开　　本　787mm×1092mm　1/16
印　　张　9.75
字　　数　214千字
版　　次　2019年12月第1版　　2022年9月第3次印刷
定　　价　48.00元

编委会名单

主编　常耀坤　周振金　拉巴次旦
副主编　贾丽萍　王辉胜　张丹琳　王　刚
　　　　谭生魁　胡小丽　白　涛

前言

Preface

畜禽养殖业是农业的重要组成部分，是利用畜禽等已经被人类驯化的动物，通过人工饲养、繁殖，使其将牧草和饲料等植物能转变为动物能，以取得禽、畜肉产品、蛋、奶、羊毛、羊绒等畜禽产品的生产行业。

畜禽养殖业是国家的一项重要产业。畜禽业的生产水平，直接影响着国民的生活水平和食物品质，对国家的发展有着重要的意义。随着市场对肉制品需求量增大，畜禽业的养殖技术及管理水平也要随之提高。《畜禽养殖与日常诊疗》一书针对畜禽的日常养殖管理技术以及疾病预防与诊治做出分析，并根据现存问题提出相应的解决策略。章节涵盖：导论、牛的养殖与日常诊疗、羊的养殖与日常诊疗、猪的养殖与日常诊疗、鸡的养殖与日常诊疗、鸭的养殖与日常诊疗。

本书适用于畜禽养殖相关专业技术人员和畜禽养殖人员参考阅读。

由于时间仓促，水平有限，书中难免存在不足之处，欢迎指正。

编者

2019.10

目　录

Contents

目 录

第一章　导论

第一节　家畜的养殖与日常诊疗

一、家畜的定义与分类

家畜一般是指由人类饲养使之繁殖而加以利用，有利于农业生产的畜类。家畜是被人类高度驯化的动物，是人类长期劳动的社会产物，具有独特的经济性状，能满足人类的需求，已形成不同的品种。家畜在人工养殖的条件下能够正常繁殖后代并可随人工选择和生产方向的改变而改变，同时其性状能够稳定地遗传下来。

（一）家畜的定义

家畜一般是指由人类饲养驯化，且可以人为控制其繁殖的动物，如猪、牛、羊、马、骆驼、家兔、猫、狗等，一般用于食用、劳役、毛皮、实验等，有的还可作为宠物。

狭义上来讲，家畜是指相对于鸟类动物的家禽而言的哺乳动物，即将鸡、鸭等排除在外。鱼类、昆虫等也通常不被视为家畜。

（二）家畜的由来

人类饲养家畜始于一万多年前，是人类走向文明的重要标志之一。家畜为早期的人类提供稳定的食物来源做出了重大贡献。

一般认为，家畜由野生动物驯养而来，但其起源和经过尚属未知。狗是最早被驯养的动物，从旧石器时代起就成为家畜了。考古学发现，在新石器时代，已有驯养的牛和羊。之后，马也被人类驯养。家畜与其祖先原种的关系，一般是根据包括骨骼（特别头骨）在内的形态学特征、染色体的数目和形状以及血清反应等确定的。家畜的起源究竟是一元的还是多元的，目前尚无定论。

（三）家畜的分类

在漫长的人类发展历史中，为了满足人类不同的需求，人们驯化出不同种类的动物，因而也就形成了不同品种的家畜。常见的家畜种类如下。

1. 猪

猪（图 1-1）是猪科动物的统称，杂食类哺乳动物，一般分为家猪和野猪。家猪是野猪被人类驯化后所形成的亚种，指人类蓄养多供食用的猪种。人类蓄养家猪的历史相当悠久，我国饲养的猪即是人类最早驯养的猪的直系后代。

图 1-1　猪

2. 牛

牛（图 1-2）为牛亚科牛族动物的统称，部分种类为家畜（包含家牛、黄牛、水牛和牦牛），能帮助人类进行农业生产。驯化的牛最初以役用为主，18 世纪以后，随着农业机械化的发展和消费需要的变化，除少数发展中国家的黄牛仍以役用为主外，普通牛经过不断的选育和杂交改良，均已向专门化方向发展。

图 1-2　牛

3. 羊

羊（图 1-3）为牛科羊亚科动物的统称。羊是与我国古代人生活关系最为密切的动物，伴随中华民族步入文明，与中华民族的传统文化有着很深的渊源，影响着我国文字、饮食、道德、礼仪、美学等文化的产生和发展。我国主要饲养山羊和绵羊。

图 1-3　羊

4. 马

马（图 1-4）大约在 4 000 年前被人类驯服，在古代曾是农业生产、交通运输和军事等活动的主要动力。随着生产力的发展、科技水平的提高以及动力机械的发明和广泛应用，马在现实生活中所起的作用也越来越小，目前主要用于马术运动和生产乳肉。但在有些发展中国家和地区，马仍以役用为主，并是役力的重要来源。

图1-4 马

5. 猫

猫（图1-5）是猫科哺乳动物。家猫在各地都有畜养，为鼠的天敌。据推测，家猫的祖先是古埃及的沙漠猫、波斯的波斯猫，已经被人类驯化了约3 500年。

图1-5 猫

6. 狗

狗（图1-6）为犬科哺乳动物，分布于世界各地。在我国古代，狗与马、牛、羊、猪、鸡并称"六畜"。有科学家认为，狗是由灰狼驯化而来，驯养时间在4万年前至1.5万年前，发展至今日被称为"人类最忠实的朋友"，现如今是饲养率最高的宠物，寿命为十多年。

图1-6 狗

7. 驴

驴（图1-7）的形象似马，多为灰褐色，头大耳长，胸部稍窄，四肢纤瘦，躯干较短，因而体高和身长大体相等。颈项皮薄，蹄小坚实，体质健壮，抵抗能力很强。驴很结实，耐粗放，不易生病，并有性情温驯，刻苦耐劳、听从使役等优点。

图1-7　驴

8. 家兔

家兔（图1-8）是由一种野生的穴兔经过驯化饲养而成的，大约在3 000年前从西班牙扩散至地中海的各个岛屿。中世纪的法国僧侣为了食用而驯养了野生的穴兔，然后再逐渐通过丝绸之路传向东方的亚洲国家。

图1-8　家兔

以上8种就是我们生活中经常见到的家畜种类。家畜不仅为人类提供了强劲的劳动力资源，也为人类日常食用的肉制品提供了来源，是使用价值非常大的动物种类。

二、家畜生产的环境条件

近年来，家畜的养殖逐渐趋于规模化，不再仅仅是传统的放牧模式，而是采用大规模的圈养模式。特别是近几年，养殖业的发展主要依赖于高密度、集约化的饲养方式，但是这种养殖也给环境带来了很大的污染。养殖场地是家畜养殖的基础物质要求，是影响家畜健康生长的重要因素。现代化的养殖业主要采用统一化、标准化的生产规模，饲养的数量多，对于环境保护要求也在逐渐提高，构成现代化的养殖技术体系，以减少环境污染，提升养殖场质量。

（一）造成养殖场环境污染的原因

养殖场环境污染的主要来源是动物排泄物、病死动物以及养殖生产中的附设物品等，如果处理不当，就会造成水源污染、土壤污染和空气污染等。

（二）养殖场废弃物处理与环境污染的防治

1. 促进农牧结合，实现生态环境可持续发展

要想有效地解决环境污染的问题，就要将农业与畜牧业进行有效结合，形成农牧业，将家畜的粪便经过一系列的处理作为农作物的肥料，使农业与畜牧业相互协调发展、可持续发展，这不仅能够有效地改善养殖场的环境污染问题，而且还可以提高农业生产力，推动农业的发展。

2. 提高相关工作人员的环境保护意识

养殖场的相关工作人员要充分了解畜牧业对环境的影响，深刻意识到保护环境的重要性，加强对环境保护的意识。

3. 健全养殖环境规范化管理制度

健全养殖场的规范化管理制度，是改善养殖场环境的关键措施。畜牧养殖业影响着我国的生态环境，有效控制畜牧养殖业有利于缓解我国的环境问题，促进畜牧养殖业的标准化，实现可持续发展战略。

三、家畜养殖的品种选择技术

近些年，随着人们生活水平的提高，膳食结构的不断改善，人们对肉食产品的质量越来越挑剔。因此，许多肉质鲜嫩、风味独特的地方家畜品种产品越来越受到消费者的青睐，很多早已淡出人们视线的地方家畜品种又重新受到养殖者的重视。

（一）地方品种的概念

通常，我们把国内各地自然形成的家畜品种和培育品种称为地方品种，而把从国外引进的家畜品种称为引进品种或外来品种。我国幅员辽阔，家畜的地方品种很多，仅猪的地方品种就有 100 多种，列入《中国家畜家禽品种志》中的地方品种牛就有 34 种。

（二）家畜地方品种的特点

与引进品种相比较，大多数家畜地方品种的优良特点是引进品种无法比拟的。

1. 地方品种对自然环境的适应能力强

很多地方品种不论是在高温还是严寒的自然环境中，或是在缺氧的高原以及干旱的自然环境条件下，均能够健康地生长繁殖。如东北民猪能在冬季 -10℃左右的条件下正常地生长发育和繁殖；内蒙古牛能在风沙较大、日温差在 20℃左右的条件下生长发育和繁殖；产于青藏高原的藏猪能在缺氧的低劣高原自然环境下生活繁衍。

2.抗病力强

家畜地方品种对各种自然环境有较强的适应能力，因此体质健壮，有较强的抗病能力。在同等条件下，引进品种发病，而地方品种不发病或发病率低。

3.耐粗饲

地方品种都能以当地的树叶、杂草、含纤维较高的植物等为食，并能很好地消化和利用这些植物的营养物质进行生产。

4.产品肉质细嫩，风味独特

受遗传基因及生物学特点因素的影响，家畜地方品种大多数都具备肉质细嫩、风味鲜美的特点。因此，其产品颇受消费者的青睐。

5.繁殖率高

大多数家畜地方品种都具备繁殖率高的特点，有很多地方品种的母畜产仔率同引进品种相比要高出 10% ~ 20%。

除以上优点外，大多数地方品种存在着生长速度慢、产量低、生产周期长等不足。

（三）地方品种的养殖

地方品种同引进品种相比较，其优良特点很多。但是，地方品种生长速度慢、产量低。目前，我国正处于发展时期，我国的畜牧业为满足人们对肉食产品的需要，虽然其生产正从数量型向质量型转变，但满足人们对肉食产品数量的需求还是首位的，还需要靠生长速度快、产量高的家畜引进品种来提高畜产品产量。如果大面积和大规模地养殖地方品种，虽然畜产品质量会提高，但人们对肉食产品数量的需求就会受到影响。那么怎样发展和养殖地方品种呢？

1.保护地方品种的优良基因

长久以来，特别是改革开放以后，各地为提高畜产品产量，满足人们生活水平提高的需要，大量引进国外畜禽品种改良地方品种，造成很多地方品种退化、优良特点丢失，有的地方品种甚至濒临灭绝。在这种情况下，为保护地方品种的优良遗传基因，各地应通过建设地方良种保护场等形式，对地方良种进行保护性养殖，并适当扩大种群，对退化的优良地方品种要采取有效措施提纯和复壮，对濒临灭绝的优良地方品种要进行抢救性养殖，使优良的地方品种的遗传基因得到有效保护。

2.制定地方品种的饲养管理办法

为使地方品种得到有效保护，国家和地方科研部门，要根据情况，尽快制定出不同地方品种的营养需要标准和管理方法。目前除少数的地方品种有营养标准和管理办法外，大多数没有，这既不科学又影响产品质量，还容易引起品种退化和遗传基因变异，因为大多数地方品种的形成是以当地的自然环境条件为基础的（特别是原始品种），并形成了稳固的遗传基因。之所以很多地方品种的产品口感好、肉质细嫩，除遗传因素外，其饲养管理方法独特也是其因素之一。

应根据市场需求，用优良的地方品种做父本或母本，同生长快、产量高的家畜品种（特别是引进品种）进行杂交。使其后代既产量高又保留地方品种的优良特点，以此来满足消费者的需求。各地要根据实际情况，有计划、有目的地养殖不同的地方优良家畜品种，优化肉食产品结构，满足人们生活水平日益提高的需要。

四、家畜疫病的发生及防控措施

随着我国畜牧业的增长，家畜饲养成为养殖户的主要经济来源。在家畜养殖给农户带来巨大经济效益的同时，家畜疫病成了养殖户最为头疼的问题。如果家畜疫病防控工作做得不好，很有可能给养殖户带来经济损失。

（一）概述

家畜疫病生态学主要研究外界环境对家畜疾病发生、发展和消亡过程的影响。

家畜机体的适应机能是在其进化过程中不断形成和完善起来的。只要环境条件的变化不超过机体的适应范围，就不会破坏机体平衡和影响机体健康。但如环境的变化超出机体能动的适应性，家畜即进入病理过程。此外，病毒、细菌，寄生虫和病媒昆虫的生长、繁殖、感染和传播，也都与一定的生态条件密切相关。研究家畜的疫病生态，目的在于了解家畜疫病分布的地域性和季节性，研究环境要素对病原体及其媒介生物生长、繁殖和传播的影响，找出影响家畜疾病的发生、发展、发病率和发病强度的关键性因子，以便根据环境条件预测疾病的发生、发展和消亡的趋势，并设法消除或控制这些因子。

我国家畜疫病生态学的研究内容主要如下。

1. 气象

主要研究气象因素直接或间接对家畜疾病的影响。直接影响是指气象因素会直接引发某些疾病，如感冒、肺炎、风湿性关节炎、日射病、冻伤等。间接影响是指气象因素对饲料、病原微生物、寄生虫和中间宿主，以及某些病媒昆虫所传播的疾病的影响。这些病大多具有明显的季节性特点。

2. 水土环境

主要研究水土中某些元素缺乏或过量引起的家畜疾病。

3. 环境污染

主要是研究化学性的污染物（如汞、镉、砷、铅等重金属，农药，有害气体等）对空气、水、土壤和饲料及畜产品等的污染。

4. 生物地理群落环境

主要研究自然疫源性疾病与特定环境的关系。一些病原体局限在特定的地理环境中（如森林、沙漠、沼泽、草原、岛屿、深山），它使家畜疫病的发生和分布也局限于一定地区，成为自然地方性疫病和自然疫源性疾病。

5. 社会生态环境

主要研究影响家畜疫病流行的社会因素，包括社会制度、生产力、社会经济、风俗习惯、文化科学等。社会生态环境既有可能是促使家畜疫病流行的原因，也可能是有效消灭和控制疫病流行的关键。

（二）家畜疫病的地域性分布

家畜流行病的分布有空间分布和时间分布。空间分布主要指地域性分布。

1. 家畜传染病的地域性分布

家畜传染病有不少是在全世界范围内流行的，也有一些呈现明显的地域性。例如：口蹄疫在南美洲和亚洲的广大地区以及非洲的大部分国家都有地方性流行；牛瘟在印度发病率最高；流行性肝炎主要发生在东非；马瘟在中非、东非和南非每年的雨季，特别是在低温地区流行。

2. 家畜寄生虫病的地域性分布

家畜寄生虫病的地域分布和流行，常常受到纬度和海拔的影响。如蜱的分布常常与植被状况密切相关，硬蜱多散布于潮湿的森林地带，血蜱多在平原山麓草原，革蜱常在半沙漠地带。在云南省，从钩端螺旋体病地区的垂直变化看，由海拔 76m 的河口附近到海拔 2400m 左右的丽江、维西等地都有分布，但流行程度随海拔由低到高而递减，这与气温及降水量自低向高而递减的趋势相一致。

3. 必需微量元素的缺乏或过量所引起的疾病地域性分布

Zn、Cu、Mn、Co、Se、I 等微量元素过少，或 Mo、Ni、Cr、Se、F、I、Br 等微量元素过多都会引发家畜疾病，这同家畜养殖地域的微量元素含量关系密切。如离海岸线远的内陆地带，如喜马拉雅山地、阿尔卑斯山地、莱茵河上游地区的水土中缺少碘元素，这些地区的新生羔羊或犊牛有 26% 表现出由于甲状腺肿大所引起的生理障碍。

（三）非生物因素对家畜疫病的影响

影响家畜疫病的非生物因素有疫源地、气候、土壤、水、海拔和地形等，这些因素对疾病的发生、发展和消亡有着十分密切的关系。

1. 疫源地

对传染病来说，疫源地的含义要比传染源广泛得多，它除包括传染源之外，还包括被污染的物体、房舍、牧地、活动场所，以及这个范围内有可能遭到传染的动物群和宿主等。

2. 气候

（1）气候因子与传染病的关系

气温、空气湿度、气压、气流和太阳辐射的变化，可以改变靠空气传播的病原微生物的生命周期和扩散，因而影响一些疾病的传播。气温对病原微生物和病媒昆虫动物的影响是非常明显的。如炭疽杆菌在需氧条件下的生长适宜温度为 37℃，形成芽孢的最适温度为 30℃，低于 15℃或高于 42℃则停止形成芽孢。如果较长时间处于 43℃则丧失形成芽孢的能力。因此炭疽病多发生于 7—8 月。炭疽病的流行还与降雨有关，因暴雨、洪水泛滥时吸血昆虫活动多，常造成局部地区大暴发。

（2）气候因子与寄生虫病的关系

影响家畜寄生虫病的气候因子主要是温度和湿度。因为虫卵和幼虫及其中间宿主要在一定的温度、湿度和光照的环境中才能发育和完成感染进程。影响体内寄生虫传播的因素，除了气温和雨量外，还有许多因素，如：直接阳光照射可杀死某些正在发育着的卵和幼虫；

干燥对于任何发育阶段的胚胎都有致死作用；当粪便中的水分低于 50% 时，其中的寄生虫卵会迅速死亡。

（3）气候因子与普通病的关系

生活在低海拔地区的家畜，如果转移到高海拔地区饲养，因不适应低气压的环境，会患高山病。气候突然变冷期间，以肠痉挛和肠阻塞为主的马真性疝痛病例显著增加。气候多变而寒冷常诱发幼畜肺炎、感冒、急性支气管炎、肾炎等。寒冷或炎热，加上潮湿，易使羔羊患肺炎。家畜头部受到阳光直射，特别在高温、高湿情况下，易患日射病和热射病。役畜和军马在炎热天气下被过度使役，容易患肺充血。

（4）气候因子与中毒病的关系

饲料中的有毒物质、有毒真菌和细菌所引起的疾病，均与气候有关。如干草或青贮料因天气潮湿生霉会引起怀孕家畜真菌性流产，温暖又多雨季节易引起家畜青饲料亚硝酸盐中毒，秋收阴雨使稻草霉烂会引起耕牛霉稻草中毒，高温、高湿使饲料霉变易导致家畜黄曲霉毒素中毒。

3.土壤和水

（1）土壤与家畜传染病和寄生虫病的关系

土壤在家畜传染病和寄生虫病的传播中有相当大的作用。随着病畜排泄物或尸体而落入土壤的微生物能在土壤中生存很久，称为土壤性病原微生物。它所引起的传染病有炭疽、气肿疽、破伤风、猪丹毒、恶性水肿等。

（2）土壤与家畜营养性疾病的关系

土壤不但决定植物的生长类型，在特定情况下还决定着植物的化学成分（特别是微量元素和维生素含量），当用作饲料的植物某些营养素不足时，会导致家畜发生营养性疾病。

夏季多雨常使牧草镁含量低，会引起反刍家畜患青草搐搦症；用缺钴地带所生长的谷物或草类饲喂牛羊，会发生以营养障碍和贫血为主征的钴缺乏症；饲料中缺少铜元素的同时又钼元素过量，会引起铜缺乏症，以牛羊被毛褪色、贫血、活动失调、下痢等为主征；如果地带性的牧草缺碘，会使母畜所生的羔羊或犊牛出现甲状腺肿大的碘缺乏症；土壤中缺铁常引起仔猪贫血症；饲料中钙或磷缺乏，或两者的比例不正常，会引起软骨病。

（3）水与家畜疾病的关系

水的质量也是一个对发病具有明显影响的环境条件，其中最主要的因子是水里盐的浓度。

4.海拔和地势

海拔高的地方不仅气温和气压与低海拔地区有很大差别，而且空气稀薄。低海拔处家畜运往高海拔处，如果超过海拔 3000m，易患高山病，呼吸、循环系统机能发生障碍，生长发育及繁殖力受到影响，甚至死亡。高海拔地区家畜迁移到低海拔地区亦有困难。许多疾病的发生与地势低洼、潮湿有关。如肝片吸虫病主要发生在亚洲，且多发生在处于低洼和沼泽地带的放牧区。

（四）生物因素对家畜疫病的影响

1. 野生动物

野生动物传播家畜疾病可以分为两大类。

一类是野生动物本身对病原体有易感性，在受感染后再传染给家畜。如狼，狐等将狂犬病传染给家畜；鼠类能传播沙门氏杆菌病、钩端螺旋体病、布氏杆菌病、伪狂犬病。

另一类是野生动物本身对病原体无易感性，但可机械地传播疾病，如鼠类会机械地传播猪瘟和口蹄疫病等。

2. 人类

人传播家畜疾病也分两大类。

一类是人本身对病原体有易感性，如人畜共患的布氏杆菌病、破伤风、结核病等，患这些疾病的人成为直接带菌者，并将之传播给家畜。

另一类是人本身对病原体无易感性，但可以机械地传播疾病，如常因消毒不严而成为马传染性贫血、猪瘟、炭疽、鸡新城疫等病的传播媒介。

另外，人类发达的交通和商业可使家畜及畜产品的交换和运输非常频繁，成为家畜某些传染病和寄生虫病得以传播和蔓延的因素。

（五）家畜疫病生态防治

1. 保护生态环境

在生态防治中，应尽量找出那些影响宿主体内正常微生物群生长和繁殖的微观生态环境因素，通过治理环境来改善宿主的病理状态和治疗疾病。

2. 增强宿主的适应性

宿主的适应性下降，或宿主的适应性虽未下降，但正常微生物群失调，都可引起宿主发病。要提高宿主对微生物群失调的不利作用的抵抗力，措施如下：

① 增强免疫反应或间接促进免疫反应——采用免疫赋活剂；

② 保持正常营养；

③ 加强运动（增多放牧或户外活动）。

3. 调整营养结构

调整营养结构，能提高宿主对微生物群的适应能力。如家畜因食碳水化合物过多而使粪便发酵、气体增多，引发发酵性腹泻，减少饲料中的碳水化合物，即可提高宿主的适应性。如果饲料中蛋白质含量过多，易引起腐败菌大量繁殖，导致腐败性腹泻，在饲料中增加碳水化合物成分，以促进发酵细菌生长，抑制腐败菌，可达到治疗目的。

4. 提高定植抗力

定植抗力指宿主对致病菌和潜在致病菌在正常微生物群中定植和繁殖的抵抗力。提高定植抗力的措施是脱污染。脱污染就是将正常微生物群部分或全部除掉的一种措施。脱污染包括全部脱污染和选择性脱污染两种。全部脱污染是经口或不经口地投予广谱抗生素，使动物处于无菌状态。选择性脱污染是用窄谱抗生素有选择地去除需氧的或兼性厌氧的细菌和酵母菌，而不损害厌氧菌，不降低其定植抗力。

五、家畜健康养殖的管理措施

随着时代的快速发展和进步，管理在行业运营中的地位和作用越来越明显，各企业要想在激烈的市场竞争中获得一席之位，就要不断加强自身的管理能力，完善现有的管理方式和管理结构。同样，家畜饲养行业也不例外，要想为广大消费者提供更多、更优质的家畜产品，相关饲养企业就要在生产运营过程中对家畜养殖加大管理力度，要求相关工作人员必须掌握现代化的家畜养殖技术和诊疗方法，这样才能降低家畜死亡率，提高家畜产品产量和质量，从而更好地满足市场对家畜产品的需求。

（一）家畜饲养现状

从我国当前家畜饲养行业现状来看，大多数家畜饲养企业都处于传统粗放型发展状态，其受传统思想观念所束缚，无论是在家畜饲养上，还是疾病治理上，都依然延续以往的管理模式和饲养方法，缺乏科学先进的管理技术。在企业生产运营过程中，经常会发生大量牲畜死亡、生病等不良现象，大大降低了家畜的生产数量和生产质量，给广大消费者的身体健康和企业自身的经济利益，都带来较大的威胁。要想改善这种现状，相关企业就要从自身抓起，全面加强家畜饲养管理工作，并针对实际问题，采取有效措施加以及时的预防和控制，这样才能促进家畜饲养产业的可持续发展。

（二）家畜健康养殖要注意的问题

1. 在养殖场管理方面

家畜养殖场在规划圈地时不能选择靠近学校、医院、人群活动集中的马路两侧等场所，并要远离工业生产区，最好的用地应该是在地势平坦的空旷场所，阳光充足且空气流通性较强。

在养殖场内，家畜每天会产生大量的排泄物。如果饲养人员处理不好排泄物，就会影响家畜和人类的健康。因此，饲养人员必须将清洁通道和排泄通道分隔开来，并在养殖场四周修筑防疫沟渠和围墙，阻隔病毒细菌的传播。另外，在养殖区入口应该设置值班室，对进出的行人车辆进行专门的消毒检查。

家畜的健康生长也需要一个良好的居住环境。家畜舍屋的建造应该采用隔热效果优良的砖瓦或钢板结构，室内温度适宜，通风良好。饲养人员要定期对舍屋进行清扫管理工作，保证圈舍周围干净整洁。养殖场内外可以多种植绿色植物，以净化养殖场的空气。有条件的养殖场还可以将家畜迁到山林里放养。

2. 在家畜饲料喂养方面

优质的饲料含有家畜生长发育所需要的蛋白质、碳水化合物、脂肪、维生素等多种营养物质。不同种类的家畜在不同的生长阶段对于食物的营养需求不同。对于正处在成长期的家畜，在饲喂干粗饲草的同时要按需补充精料，在最大限度上保证饲料的营养均衡。

（三）家畜疫病防治措施

消毒和免疫注射可以从根本上预防家畜疫病的传播。定时清洁消毒，可直接杀灭家畜生存环境中有害的微生物。免疫注射，能够增强家畜抵御病原体感染的能力。这些措施对保护家畜的健康都有重大的作用。

1. 保持圈舍清洁卫生

疫病治理工作中，消除病原体才是关键。饲养人员应该对家畜厩舍内部、饲养使用工具和运输工具、储藏场所进行定期的全面消毒工作。消毒制剂应采用抗毒威或者杀菌灵，一定要严格按照说明书配制药水，因为一旦浓度过高，可能会引起中毒，危及人畜生命安全。为了保证杀毒效果，最好采用喷雾方式进行消毒，每立方米空间的消毒剂容量达到 1L 以上，在喷洒消毒剂之后要密封 2～3 小时。除了喷洒消毒剂之外，室内消毒还可以用福尔马林液体消毒法，用药浓度为每立方米空间用甲醛溶液 28mL、高锰酸钾 14g，纯净水 14mL。要注意的是，容器里的甲醛溶液要用适量，以免造成人畜中毒。在配制时一定要先放高锰酸钾，后放甲醛溶液。待到密封消毒 14 小时后，饲养人员可以打开门窗把剩余的废气排出去。

2. 给家畜注射免疫针剂

家畜在生长过程中要接受疫苗注射，以提高相应的疾病抵抗能力。在注射疫苗时应该做好家畜体外的清洁消毒工作，免疫针剂剂量充足，按照规范操作注射，确保免疫效果。还有一些用于家畜体内的驱虫针剂也要同样按要求注射。在免疫针剂注射完毕之后，还可以对家畜做一些保健工作，例如，刷拭身体，促进其血液的循环和新陈代谢，增加其免疫力。

总而言之，家畜养殖的环境卫生和疫病预防关系到家畜的健康状态。随着生物病原体的不断衍变，越来越多的新病原体也在源源不断地产生，一旦家畜感染到了新病原体，治疗起来也会十分棘手。因此，只有做好清洁预防工作才能从根本上保证家畜的健康，达到疫病防治的目标，最终促进家畜健康养殖的发展。

第二节　家禽的养殖与日常诊疗

一、现代家禽生产概述

家禽是指经过人类长期驯化和培育而成，在家养条件下能正常生存繁衍并具有一定经济价值的鸟类，如鸡、鸭、鹅、火鸡、鸽、鹌鹑等。其中鸡、鸭和鹌鹑分为肉用和蛋用两种类型，其余的家禽均为肉用。家禽具有繁殖力强、生长迅速、饲料转化率高、适应密集饲养的特点，能在较短的生产周期内以较低的成本生产出营养丰富的蛋、肉产品，改善人民生活，满足人民需求。

（一）现代家禽业特点

现代家禽业的特点可概括为：以现代科学理论来规范和改进家禽生产的各个技术环节，用现代经济管理方法科学地组织和管理家禽生产，实现家禽业内部的专业化和各个环节的社会化；合理利用家禽的种质资源和饲料资源，建立合理的家禽业生产结构和生态系统；不断提高劳动生产率、禽蛋和肉的产品率和商品率，使家禽生产实现高产、优质、低成本的目标，以满足社会对优质禽蛋和禽肉日益增长的需要。现代养禽业具有生产工厂化、集约化，品种的品系化、杂交化，经营专业化、配套化，营养全价化、平衡化，管理机械化、自动化的特点。

（二）现代家禽业的支柱

现代家禽业是一个系统工程，由良种繁育体系、饲料工业体系、禽病防治体系、禽舍设备供应体系、生产经营管理体系、禽产品处理加工销售体系构成。良种繁育体系为现代家禽业奠定了重要的基础；饲料工业体系是现代家禽业的根本物质保证；禽病防治体系是现代家禽业的有力保障；禽舍设备供应体系使现代家禽的遗传潜力得到充分发挥；生产经营管理体系是现代家禽生产的核心内容，经营管理水平直接影响家禽生产的效益和发展；禽产品处理加工销售体系不但为消费者提供质优价廉的家禽产品，而且通过质量控制体系的建立，也维护了消费者的权益。家禽业系统工程中的各个体系既相对独立、有着各自特有的功能，又有着相互联系、相互依赖、相互制约、相互促进、共同发展的关系。

（三）现代家禽生产的特点

1.生产周期短、资金周转快、生产效率高

肉鸡和肉鸭 7～8 周龄出场，蛋鸭和蛋鸡 16～20 周龄即可开始产蛋，当年投资当年即可获利，是资金周转最快的养殖业。现代肉仔鸡 7 周龄可达到 2.2kg，每增重 1kg 只耗料 2kg 左右。肉鸭 8 周龄体重 3～3.5kg，肉料比 1∶2.5。仔鹅生长更快，9 周龄体重 3.5～4kg。蛋禽生产效率也相当可观，现代商品杂交鸡性成熟早，20 周龄开始产蛋，25～26 周龄即进入产蛋高峰期，产蛋率 90% 以上，可持续 10 多周，年产蛋总重量达16～18kg，蛋料比 1∶2.5。我国绍兴鸭 4 个月即开始产蛋，年产蛋可达 280～300 枚，总蛋重 20kg 以上，均为体重的 10 倍。

2.生产工厂化、便于集约化管理、劳动生产率高

肉鸡和蛋鸡可大群和较高密度地饲养，采用不换垫料、机械喂料、自动饮水系统，工人的劳动非常简单轻便，劳动效率之高是其他养殖业所无法比拟的。

二、家禽养殖的品种选择技术

我国家禽地方品种资源丰富，且具有耐粗饲、生命力强的特性，许多品种具有国外家禽品种所不及的优良性状，这些优良性状是可贵的育种素材，对我国养禽业的发展起到了重要作用。虽然近几年养禽业滑坡，但特异性品种在我国各地发展较快，如三黄鸡、青腿鸡、麻鸡、青壳鸡、麻鸭、鹅等。据统计，目前我国年出栏地方土种鸡 15 亿只以上（不包括农村自繁的草鸡），占整个肉鸡生产量的 50%。我国是水禽生产大国，饲养量占全世界的 60% 以上，水禽肉产量占世界 77.7%，鸭肉出口量占世界的 25%。

（一）我国家禽品种的类型与特点

1.品种类型

（1）鸡

鸡主要有 5 种类型。

① 药用型品种：主要为江西泰和的丝毛乌骨鸡。

② 蛋用型鸡种：主要有浙江仙居县的仙居鸡，江西上饶地区的白耳黄鸡等。

③ 蛋肉兼用型：主要有河南固始县的固始鸡，浙江萧山区的萧山鸡，辽宁的大骨鸡，内蒙古边鸡等。

④ 肉用型鸡种：主要有广东惠阳的惠阳胡须鸡，云南的武定鸡，湖南的桃源鸡，福建的河田鸡等。

⑤ 观赏型鸡种：主要有中原斗鸡，西双版纳斗鸡，以及分布于新疆维吾尔自治区吐鲁番的吐鲁番斗鸡。

（2）鸭

肉用代表品种为北京鸭；蛋用及兼用品种几乎全部是麻鸭及其变种，以绍兴鸭、金定鸭为代表。

（3）鹅

按羽毛颜色分为灰鹅与白鹅。灰鹅有狮头鹅、雁鹅、乌鬃鹅；白鹅有太湖鹅、皖西白鹅、四川白鹅、豁眼鹅（山东）、浙东白鹅、固始鹅等。

2.我国不同地区适宜饲养的家禽品种

由于家禽品种的商品化特点，饲养的品种必须以满足市场需求为出发点，只有在饲养的品种产销对路的前提下，通过强有力的销售手段，才能使养禽的投入得到高回报。因此，应根据地理位置和我国畜牧区划选择适宜的品种。

（1）黄淮海区

适宜饲养的鸡种为固始鸡、北京油鸡、寿光鸡、萧山鸡、丝毛乌骨鸡等。适宜饲养的水禽品种为北京鸭、绍兴鸭、五龙鹅、固始鹅、雁鹅等。

（2）黄土高原区

适宜饲养的鸡种主要为静原鸡、边鸡等。适宜饲养的水禽品种主要有绍兴鸭、北京鸭等。

（3）西南地区

适宜饲养的鸡种为武定鸡、峨眉黑鸡、茶花鸡、四川黑凤鸡、贵州小香鸡。适宜饲养的水禽品种为绍兴鸭、建昌鸭、北京鸭、攸县麻鸭、溆浦鹅、四川白鹅等。

（4）东北区

适宜饲养的鸡种为有大骨鸡、边鸡、北京油鸡等。适宜饲养的水禽品种主要有北京鸭、豁眼鹅等。

（5）蒙新高原区

适宜饲养的鸡种为边鸡及吐鲁番斗鸡。适宜饲养的水禽品种为北京鸭、伊犁鹅等。

（6）青藏高原区

适宜饲养藏鸡及武定鸡。

（7）东南区

适宜饲养的鸡种为仙居鸡、萧山鸡、浦东鸡、白耳鸡、惠阳胡须鸡、杏花鸡、清远麻鸡、河田鸡、桃源鸡、丝毛乌骨鸡、固始鸡、狼山鸡。适宜饲养的水禽品种为北京鸭、绍兴鸭、金定鸭、高邮鸭，狮头鹅、皖西白鹅、太湖鹅等。

（二）我国家禽品种面临的挑战

改革开放以来，我国从国外引进了大量优良的家禽品种，与此同时，还以现代家禽育种理论为指导，培育了一批中国自己的现代家禽品种，如北京白鸡、滨白鸡、农昌鸡、豫州褐壳蛋鸡等，对中国家禽业的发展起到了巨大的推动作用。但是，由于外来品种的竞争和遗传侵蚀作用，我国家禽的遗传多样性正在面临逐渐缩小的危险。如九斤黄鸡已经不复存在，北京油鸡数量急速下降，一些地方品种已经改良并丧失了原有的一些特性。特别是进入世界贸易组织后，我国家禽品种与国外原有品种的差距可能进一步加大，优势领域也将逐步缩小。

家禽品种面临严峻的挑战，主要表现在以下几个方面。

第一，蛋鸡及速生型肉鸡将仍然是国外品种的天下，我国短期内难以赶上。目前，我国饲养的蛋鸡品种主要是德国罗曼、法国伊萨、美国迪卡、海兰等，速生型肉鸡主要是美国的爱维茵及 AA 等品种。

第二，快大型肉鸭继续受到国外品种的冲击。近几年，我国虽对北京肉鸭进行了选育，但由于选育时间短，与樱桃谷肉鸭等相比还有一定的差距。

第三，优良的地方土鸡品种将受到冲击。目前，越来越多的国外育种公司都看到了中国土鸡市场的发展机遇，已把人力、物力转移到土鸡育种上，与我们展开激烈的竞争，我国在这方面的优势也将越来越小。

（三）我国家禽品种选择的技术

1. 建立优良地方禽种的繁育体系

要建立起一整套的优良地方禽种繁育体系，需要做到以下几点。

第一，建立资源场，收集、保存和繁殖我国优良地方禽种资源，为育种场提供素材。

第二，建立育种场，用资源场提供的素材进行专门化培育，形成品系。

第三，建立原种场，将育种场培育的专门化品系进行扩繁及配合力测定，据测定结果进行原种配套，为祖代场提供祖代禽种。

另外，还要建立配套的祖代场、父母代场及商品代场，从而形成完整的良种繁育体系。

2. 利用我国优良地方禽种开发多元化市场

根据市场需要，充分利用我国地方禽种的优良性状，开发多元化市场。如利用丝毛乌骨鸡的药用功能生产系列化药用滋补产品；瞄准国内居民爱吃草鸡蛋的习惯，利用我国蛋鸡体型小、耗料少等特性，引用外来高产蛋鸡培育出小型仿草鸡品种；利用我国土鸡肉质好、味道鲜美特性，根据当地消费习惯、经济发达程度，用外来鸡种（如隐性白、狄高鸡、红宝、安卡红等）培育不同消费档次的鸡种，以充分满足多元化市场的需求。

3. 摸透国外品种，不要盲目引种

纵观当今世界家禽品种，商品鸡均为配套杂交品种。我国近几年引进的家禽品种，不管叫什么名字，其育种素材的生产力水平都大同小异。因此，生产者在选择禽种时不要盲目听信宣传，乱引种，乱换品种，其结果是花了大量的钱，也未必获得好的效果。选种的依据首先是质量，其次才是价格，绝对不要图省钱而忽视种禽质量。要提防用父母代种禽自繁的后代再做种禽向外供种的手段。

4. 充分利用国内现有的品种素材，全方位开展育种工作

我国培育出的家禽品种，虽然有一些在国际上是领先的，但目前在家禽业中起主导潮流的蛋鸡、速生型肉鸡等品种与国外仍有较大差距。为此，应采取如下措施。

第一，继续开展优质黄羽肉鸡、蛋鸭、鹅等品种的选育与开发工作，加大科技投入，保持国际领先地位。

第二，保种与开发并举。保护中国的纯种优质土鸡品种不能外流，外销的鸡种必须是中国的配套系。应像国外家禽育种公司那样，要有强的垄断意识。

第三，积极开展蛋鸡、速生型肉鸡等弱势领域的研究工作。利用国外引进的品种为素材，高起点开展育种工作，缩小与国际水平的差距。

三、家禽养殖的环境条件

随着家禽养殖业的快速发展，农村家庭式生产已暴露出一些弊端，一方面对环境造成污染，另一方面不利于疫情控制。我国在禽病控制方面存在着严重的滞后性，致使家禽发病率、死亡率居高不下，因此全面认识环境因素与家禽保健及疫病控制之间的相互关系是非常必要的。

（一）家禽养殖场的选址

家禽养殖场如果选址设计不合理，再好的品种和饲料也达不到应有的生产水平。家禽养殖场应尽量选在远离城郊，靠近农田、菜地的地方，与附近的居民点、铁路、公路、运输河道等要有相当的距离，尽量做到既方便运输，又能防止环境污染、病原感染与噪声干扰等。

（二）科学饲养管理

1. 控制致病微生物与消毒

病原微生物是导致传染病的祸首，通过直接接触、空气和污染物传播疾病。为了有效预防传染病的发生，应对饲养环境进行消毒。

2. 控制光照与避免噪声

良好的光照控制能使家禽发挥其良好的生产性能，因此光照时间不可忽长忽短，光照强度亦不可忽强忽弱，必须按规定控制，以减少家禽的应激反应。

家禽对突发性的噪声非常敏感，应保持禽舍安静。噪声会导致家禽生产性能下降。突如其来的响声会引起严重的惊群而突发猝死综合征，有的甚至在短期内停产。因此，在选择家禽养殖场址时，首先应考虑远离公路、铁路以及嘈杂的场所。

3. 保持适宜温度

温度过高会导致家禽生产缓慢，死亡率增加；气温低会导致饲料利用率下降，产蛋减少。在冬天，尤其要做好保温与通风之间的协调。

4. 控制禽舍内有害气体

由于鸡的消化道短，鸡粪中残余蛋白含量达 20% ~ 28%，在温暖季节极易发酵产生氨气和硫化氢，这两种废气对家禽非常有害，它们能刺激鸡的呼吸系统而诱发呼吸系统疾病，亦可诱发腹水症和灼伤眼睛。另外，一氧化碳对神经、血液系统具有毒害作用。因此在寒冷的冬季，用煤炭在禽舍内生火取暖时（尤其是在夜间），要防止舍内因通风换气不良而可能导致的一氧化碳中毒。家禽呼出的 CO_2 是舍内浓度最高的废气，因此要把 CO_2 在空气中的总量控制在 0.2% 以内，以确保达到安全标准。

5. 安全措施

科学饲养，按免疫程序接种疫苗，提高免疫力，减少疫病的发生；注意给家禽创造适宜的环境条件，经常打扫禽舍的卫生，消毒药品合理配比、交替使用，外来人员、外来车辆不能随意进场，进场应严格消毒；保持饮水卫生、新鲜，用具经常消毒，阻断各种病原微生物的传播途径。

（三）提高家禽体质

在整个饲养过程中，要提供均衡的全价饲料；家禽产蛋高峰期及产蛋后期，使用免疫效价高的疫苗；禽舍内要常通风换气；禽舍的密度要适中；要保证饲料的营养。质劣价廉的饲料对生产性能的维持极为不利。

（四）防止污染

鸡场不能靠近交通干道和主要江河支流，以避免污水排入江河污染水体；新进的鸡群必须隔离一段时间，确认健康后方可入群饲养；粪便应作无害化处理，如果作肥料使用，一定要曝晒处理；防止野禽侵入，同时做好灭蝇、灭鼠、灭蚊工作，防止疫病传播；病死或不明原因死亡的鸡，应作无害化处理，不能随意丢弃。

四、我国现代家禽养殖业的发展概述

我国家禽养殖业历史悠久，在经历了近年的快速发展期后，产品相对丰富，现已进入调整期。现阶段，我国的家禽养殖仍以小规模大群体为主，而规模化、现代化养殖正在兴起。未来，我国家禽养殖业的发展必然是走适度规模化、现代化之路，但这需要一个漫长的过程。

（一）我国家禽养殖业历史

我国家禽养殖业的历史，大致分为以下几个阶段。

1. 传统散养阶段

即改革开放以前至 20 世纪 80 年代末。这一阶段我国的家禽养殖生产停留在农户传统散养阶段。主要特点：未能形成规模；科技应用不普及；生产水平低下；商品化程度低；行业整体效益差。

2. 散养向适度规模化、商品化饲养过渡阶段

即 20 世纪 80 年代末至 90 年代中期。这一阶段为我国蛋鸡事业发展的辉煌时期。在此阶段，由于以下因素推高了蛋鸡行业的整体利润：各地各部门以"菜篮子工程"的方式

兴建了大量规模化鸡场；产量迅速增加；科技应用普及；居民消费水平迅速提高；全国总体饲养规模迅速扩大。很多知名的大型鸡场都是在这一时期开始起步的。

3. 适度规模向规模化饲养过渡阶段

即 20 世纪 90 年代中期至 21 世纪初。我国蛋鸡事业借助前十几年快速发展的经验与惯性，特别是大量专业户的参与，使这一阶段的养鸡业仍然发展迅猛。但蛋鸡业在这一时期已进入微利时代，主要表现为：专业户养鸡利润逐年下降；禽蛋市场逐渐出现供过于求的现象；"菜篮子工程"逐渐淡出市场。

4. 重大疫情冲击下的冷静发展阶段

21 世纪初至今，我国蛋鸡行业接连遭受 2001 年区域性重大疾病、2003 年突如其来的"非典"、2004 年在全国十几个省区散发并持续的禽流感等重大疫病的冲击打压和市场需求的反复拉动，导致全国蛋鸡存栏数量在短时间内急剧起伏震荡。人们的饲养理念逐步趋向成熟，开始理性思考的冷静发展阶段。

（二）家禽养殖业的现状

家禽养殖在中国已有 5000 多年的历史。我国家禽业自改革开放 40 年以来，已经取得了飞速发展，家禽饲养量、禽蛋产量已连续多年保持世界第一、禽肉产量世界第二。现阶段，我国家禽养殖业正在经历一个转型期，从生产方式简单、生产效率与生产水平低下向现代化养殖模式过渡。

但目前受产品质量所限，我国家禽产品的出口并不十分畅通。我国肉鸡的生产水平与世界平均水平差距很小，但商品蛋鸡与世界水平存在一定差距。我国目前鸡蛋 70% 以上的供应量来自 10 000 只以下的养殖群体，约 5% 的供应量来自 30 000 只以上的养殖群体。我国蛋鸡料蛋比与世界先进水平差距大，死淘率的差距更大。死淘率高说明鸡群的健康水平跟不上，如果这个指标跟上，其他指标将迎刃而解。

由以上可见，我国家禽养殖业的特点表现在以下几个方面：小规模大群体产业模式仍占重要地位，现代化养殖模式正在兴起；生产条件因陋就简，设备实施差异大，总体投入不足；生产效率与生产水平参差不齐，总体效率和水平较低；产品原始、商品属性低，品牌营销力度较弱；产品内销比例高，加工与出口比例低。

（三）我国家禽养殖业的发展趋势

家禽养殖适度规模化和现代化是必然趋势，是基于社会发展的需要、国家政策推动以及行业发展的必然选择。可以断言，我国的家禽养殖发展必然会沿着欧美发达国家的路来走，但还需要政策的强力推动。

1. 社会发展的需要

现代化必须符合绿色低碳环保的社会潮流、实现资源优化配置的有效途径、保证产品质量的首选等。在几年以前，养殖场尚可以随意选址，但在倡导环保低碳的今天，养殖业很难靠近城市、靠近市场。原因是养殖业不仅在生产过程中要消耗大量的饲料和能源，并且产生大量的粪便、粉尘和刺激性气味。只有现代化才可以实现资源的有效配置，保证产品质量，具备一定规模并按标准化生产。

2.行业发展的必然选择

欧美发达国家家禽养殖发展的经验告诉我们，现代化是中国农业的发展方向。科学技术的进步会推动行业向现代化方向发展。市场需求也会推动家禽养殖向现代化方向发展。

综上可以看出，我国家禽养殖业发展的趋势主要表现为：饲养规模越来越大，大型家禽养殖场越来越多；饲养装备越来越先进，家禽养殖场现代化程度越来越高；产品质量越来越高，各种品牌大批涌现；加工出口比例越来越大，鲜蛋及禽蛋加工制品出口增多。

（四）我国家禽养殖的现代化模式

现代化家禽养殖的目标是高的生产效率、高的生产水平、高的产品质量。现代化重点表现在6个方面：品种优良化、饲料全价化、设备标准化、管理科学化、防疫系列化、产品加工营销化。

1.品种优良化

品种优良化指采用经过育种改良的优种鸡。饲养者应选择最先进的品种或者最具有本土特色的品种以体现品种的特性。值得一提的是，后者虽然养殖利润较高，但受其特定的饲养方式的约束，很难实现大规模集约化生产。

2.饲料全价化

饲料全价化是指根据饲养标准和家禽的生理特点，制定饲料配方，再按配方要求将多种饲料加工成配合饲料。配合饲料一般由多种富含能量、蛋白质、微量元素、维生素的原料或者添加剂混合而成，按家禽不同生理阶段配制。

3.设备标准化

设备标准化是指采用标准化的成套设备，如笼架系统、喂料系统、饮水系统、清粪系统、光照系统、温控系统、集蛋系统等。机械化程度高，可以大大地提高土地利用效率、员工工作效率和生产水平。

4.管理科学化

管理科学化是指按照家禽的生长发育和产蛋规律给予科学的管理，包括温度、湿度、通风、光照、饲养密度、饲喂方法、环境卫生等，并对各项数据进行汇总、储存、分析，实现最优化的运营管理。实现养殖场现代化，必须进行科学合理的管理，严格执行流程和制度。

5.防疫系列化

防疫系列化是预防和控制鸡群发生疾病的有效措施，包括全进全出、隔离消毒、接种疫苗、非特异性防疫体系构建、药物防治等。防疫不能单纯依靠疫苗，以往养殖场通常把90%的精力放在疫苗上，其实更有效的措施应是建立一个综合的防控系统。对疫病传播过程中三个环节的重视缺一不可，除了接种疫苗之外，还需特别注意建立非特异性免疫系统。

6.产品加工营销化

产品加工营销化的优势：通过产品的加工，可以丰富禽产品的种类，扩大消费者对禽产品的需求；通过质量控制体系的建立、知名品牌的形成和维护、营销队伍的建设，起到提高产品质量、维护消费者权益的作用。

第二章 牛的养殖与日常诊疗

第一节 牛日常饲养管理技术

近年来，随着我国畜牧业的快速发展，牛养殖的数量有了很大的提高，养殖牛也成为养殖户最主要的收入。饲养生产性能好的牛，用科学的、合理的方法饲养管理牛，是提高养牛经济效益的关键。但是有的农户在养殖牛过程中，忽视了一般日常管理，势必会影响养殖户的效益，也影响了乳制品与肉制品的安全。为此，养殖户要在日常饲养管理的方面改进加强，以提高养殖技术水平，提高经济效益。

一、牛的品种

1. 牛的生物学分类

（1）黄牛

黄牛角短，皮毛多为黄褐色或黑色，毛短，多用来耕地或拉车，肉供食用，皮可以制革，是重要役畜之一。

（2）水牛

水牛是水稻种植区的主要役畜，在印度则兼作乳用。

（3）牦牛

牦牛毛长过膝，耐寒耐苦，适应高原地区氧气稀薄的生态条件，是中国青藏高原的特有畜种，所产奶、肉、皮、毛是当地牧民的重要生活资源。

（4）野牛

野牛如美洲野牛、欧洲野牛等，可与牛属中的普通牛种杂交产生杂交优势，为培育新品种提供有用基因。

（5）驼峰牛

驼峰牛也叫驼牛，耐热、抗蜱，是印度和非洲等热带地区特有的牛种。

2. 牛按用途分类

（1）乳用品种

乳用品种主要包括荷斯坦牛、爱尔夏牛、娟姗牛、更赛牛等。

（2）肉用品种

肉用品种主要包括海福特牛、短角牛、阿伯丁－安格斯牛、夏洛莱牛、利木赞牛、皮埃蒙特牛、契安尼娜牛、林肯红牛、无角红牛、格罗维牛、德房牛、墨利灰牛，以及近代用瘤牛与普通牛杂交育成的一些品种，如婆罗门牛、婆罗福特牛、婆罗格斯牛、圣赫特鲁迪斯牛、帮斯玛拉牛和比法罗牛等。

（3）乳肉兼用品种

乳肉兼用品种主要包括兼用型短角牛、西门塔尔牛、瑞士褐牛、丹麦红牛、安格勒牛、辛地红牛、沙希华牛，以及用兼用型短角牛和瑞士褐牛分别改良蒙古牛和新疆伊犁牛而育成的草原红牛和新疆褐牛等。

（4）役用品种

役用品种主要有中国的黄牛和水牛等。有的黄牛也可役肉兼用，如中国的南阳牛、秦川牛和鲁西牛等。在 20 世纪 70 年代前，水牛在中国一些地方也作乳役兼用。

二、牛养殖场地与环境

（一）养殖场地的选择

牛养殖场场址的选择要有周密考虑、通盘安排和比较长远的规划，必须与农牧业发展规划、农田基本建设规划以及修建住宅规划等结合起来，必须适应于现代化养牛业的需要。所选场址，要有发展的余地。牛养殖场选址还要注意以下几点。

1.地势高燥

肉牛场应建在地势高燥、背风向阳、地下水位较低，具有缓坡的北高南低、总体平坦地方。切不可建在低凹处、风口处，以免排水困难、汛期积水及冬季防寒困难。

2.土质良好

土质以沙壤土为好。沙壤土土质松软，透水性强，雨水、尿液不易积聚，雨后没有硬结，有利于牛舍及运动场的清洁与卫生干燥，有利于防止蹄病及其他疾病的发生。

3.水源充足

要有充足的合乎卫生要求的水源，水质良好，不含毒物，保证生产生活及人畜饮水安全。

4.草料丰富

牛饲养所需的饲料，特别是粗饲料，需求量大、不易运输。所以养牛场应距离秸秆、青贮和干草饲料资源较近，以保证草料供应，减少运费，降低成本。

5.交通方便

架子牛和大批饲草饲料的购入，肥育牛和粪肥的销售，运输量很大，因此，肉牛场应建在离公路或铁路较近的交通方便的地方。

6.卫生防疫

养牛场要符合兽医卫生和环境卫生的要求，周围无传染源，远离主要交通要道、村镇工厂 500m 以外，一般交通道路 200m 以外。还要避开对养牛场污染的屠宰、加工和工矿企业，特别是化工类企业。

7. 节约土地

不占或少占耕地。

8. 避免地方病

人畜地方病多因土壤、水缺乏或过多含有某种元素而引起。地方病对牛生长和乳肉品质影响很大，虽可防治，但势必会增加成本，故应尽可能避免。

（二）养殖环境的管理

环境与牛养殖生产有着密切的关系。通过一系列的技术手段，包括优化饲料配方、提高饲养技术、改造畜舍结构、改进生产设备、改善养殖环境等，对于提高牛的产品的品质、解决牛养殖场的环境污染问题、保证牛养殖的生产顺利地进行起着关键的作用。

1. 加强饲养环境的管理工作

牛舍环境的清洁、卫生对于牛养殖来说非常重要，可提高牛群的舒适度，从而使其生产性能充分发挥。

清洁生产不单纯要做好场区以及圈舍内的卫生清扫以及污物的处理工作，还应想办法消除污染物的产生，做好预防工作。这就要求生产者从源头入手，以预防为主，在生产过程中控制好环境。及时清理牛场内的粪尿和污水，并将粪便运到专门的粪便堆放区，尿以及污水则要通过排水系统排入粪水池内贮存。

环境污染还包括噪声污染。噪声会给牛带来一系列的不良反应，影响牛的繁殖、生长、增重和生产性能，还会改变牛的行为，使其出现惊慌和恐惧的情绪，从而影响生产。所以在牛的饲养管理过程中要控制好环境的噪声污染。在场区选址和建设时要远离居民区和交通要道，这不但对防疫有利，还可远离噪声源。牛舍内对噪声的要求白天不超过90分贝，夜间不超过50分贝。

水是牛养殖必不可少的物质，因此牛养殖场要求水源充足、清洁，并且水质良好，符合国家规定的畜禽用水标准。要做好水源的管理工作，防止水源受到污染，保证牛机体的正常代谢，维持健康的体况。

养殖者要防止人畜共患病的发生，因此场区内的生活区和生产区要严格区分开，并最好在两区之间设立隔离林带。场区内的污道和净道要区分开来，以避免交叉感染。

牛舍内不但要保持环境卫生和清洁，还要确保有充足的光照。

为了调控牛场内的小环境，减少污染，净化场区内的空气，降低噪声，要做好绿化工作，可在牛场的四周种植树木，设置场界林带。在场区内种植灌木，并在场内的主干道两旁种植树木，在运动场周围种植遮阳林，还可在场区内的空地种植蔬菜或草坪，充分利用场内的土地资源，可有效地改善场区内的小气候。

2. 做好空气质量的调节工作

牛场以及牛舍内新鲜的空气是促进牛新陈代谢的必需条件，还可减少疾病的传播。通风不畅，牛在呼吸时排出的大量二氧化碳，排泄物腐败分解形成的氨气、硫化氢等有害气体大量积聚、增多，会影响牛的健康以及生产力，也会增加疾病传播的概率。因此，要采取一定的措施，保持牛养殖场良好的通风换气，以加快空气的流通，使舍内的有害气体散出。养殖场内要保持合理的饲养密度，粪尿以及污物要及时清理，以防止污染环境和产生有害气体。另外，可采用先进的生物除臭技术，利用好氧微生物的活动，将有异味的气体转化为无异味的气体。

3. 搞好舍内温度和湿度的控制工作

温度和湿度是牛舍环境中最重要的因素，适宜的环境温度对牛的生长发育、健康以及增重都有促进的作用。不适宜的环境温度，过高或过低都会导致牛的生产力下降，生产性能不佳，甚至还会导致牛死亡。湿度对牛也有一定的影响作用，在温度适宜的情况下，如果湿度过大，牛的抵抗力会减弱，并且潮湿的环境会促进病原微生物以及寄生虫繁殖，从而加大了牛的患病概率，并且加快了疾病的传播速度，使死亡率升高。如果不适宜的温度，再加上不适宜的湿度，则会使以上现象加剧。舍内过于干燥会导致舍内粉尘飞扬，同样对牛的健康不利。

三、牛的疫苗管理

免疫接种是预防牛传染性疾病的主要手段，采用人工方法将疫苗置于动物体内。疫苗作为抗原对动物机体产生刺激而诱导产生抗体，产生抗体后的动物机体就可抵抗相应的病原侵袭和感染。在养殖牛的过程中，牛免疫接种技术是养牛行业从业人员需要掌握的实用技术之一，这对养牛业的健康平稳发展尤为重要。

（一）疫苗的分类

疫苗分为活疫苗和灭活疫苗两种。

1. 活疫苗

活疫苗又被称为弱毒疫苗，用弱致病性的病原微生物做成。牛传染性胸膜肺炎疫苗、牛巴氏杆菌弱毒疫苗、牛布氏杆菌病活疫苗等都是弱毒疫苗。这类疫苗需要低温冷冻保存，贮存运输不方便，若处置不当，疫苗容易失效。

2. 灭活疫苗

灭活疫苗是死疫苗，是选用免疫原性好的病原微生物，用化学或物理处理使其丧失毒性和感染性，但保留其免疫原性制成。如牛巴氏杆菌铝胶灭活疫苗、牛沙门氏菌灭活疫苗、牛口蹄疫灭活疫苗。灭活疫苗的优点是不存在散毒危险，缺点是疫苗吸收慢，产生抗体保护所需时间长，影响注射部位肉质。

（二）牛常用疫苗

1. 布氏杆菌疫苗

布氏杆菌疫苗有 3 种，即布氏杆菌 M5 弱毒疫苗、布氏杆菌 19 号疫苗、布氏杆菌 S2 弱毒疫苗。布氏杆菌 M5 弱毒疫苗适用于 8 月龄内的犊牛；布氏杆菌 19 号疫苗用于处女犊牛；布氏杆菌 S2 冻干菌苗较为常用，该疫苗不受妊娠限制。具体使用时，需要根据说明书确定不同月龄牛的注射剂量。

2. 牛炭疽疫苗

牛炭疽疫苗有无毒炭疽芽孢苗和 II 号炭疽芽孢苗两种类型。无毒炭疽芽孢苗接种时，在颈部或肩胛后缘的皮下部位注射；Ⅱ号炭疽芽孢苗在颈部皮下注射。具体使用时，需要根据说明书确定不同品种、不同月龄牛的注射剂量。

3. 牛传染性胸膜肺炎活疫苗

牛传染性胸膜肺炎活疫苗用于预防牛肺炎。使用时要把疫苗根据说明书进行稀释处理。稀释后的疫苗，按照说明书剂量和牛月龄进行注射。

4. 牛巴氏杆菌疫苗

牛巴氏杆菌疫苗用于预防牛巴氏杆菌病即牛出血性败血症，常见的牛巴氏杆菌疫苗有牛巴氏杆菌病氢氧化铝菌苗、牛巴氏杆菌病油乳剂疫苗、牛巴氏杆菌病弱毒菌苗。

（三）牛免疫接种类型

牛免疫接种类型可分为预防接种和紧急接种。

牛发生烈性传染病时，对疫区/疫群和风险地区尚未发病的牛只进行紧急接种。紧急接种的对象是没有感染传染病的健康牛，以求疫情不再蔓延传染给健康牛，从而控制疫情的蔓延和发展。

（四）牛免疫接种程序

牛的免疫程序宜因地制宜，不能一个模式、一成不变，但总体而言，牛的免疫程序要科学合理规范。

（五）免疫接种注意事项

① 通过正规渠道购置品牌疫苗，严禁使用"三无"产品。

② 接种疫苗时要做到对注射针头进行消毒，严格按照规定计量注射，疫苗注射时要晃动摇匀。

③ 疫苗接种要建立接种档案，详细记录每头牛的接种时间、疫苗种类、疫苗生产厂家，以便更好地按接种程序进行免疫接种。

四、肉牛日常饲养管理技术

（一）肉牛的生长发育规律

牛的产肉性能是由遗传基因、饲养管理条件决定的，并在整个生长发育过程中逐步形成。因此，要提高牛的产肉量，改善肉的品质，除选择好品种和改善管理条件以外，必须认识牛的生长发育规律。

1. 体重

不同品种和类型牛的体重增长规律也不一样。牛的初生重大小与遗传基础有直接关系。在正常的饲养管理条件下，初生重大的犊牛生长速度快、断奶重也大。一般肉牛在8月龄内生长速度最快，以后逐渐减慢，到了成年阶段（一般3~4岁）生长基本停止。据报道，牛的最大日增重是在250~400kg活重期间达到的，也因日粮中的能量水平而异。饲养水平下降，牛的日增重也随之下降，同时也降低了肌肉、骨骼和脂肪的生长。特别在肥育后期，随着饲养水平的降低，脂肪的沉积数量大为减少。当牛进入性成熟（8~10月龄）以后，阉割可以使生长速度下降。据报道，在牛体重90~550kg，阉割以后胴体中瘦肉和骨骼的生长速度降低，但脂肪在体内的沉积速度增加。尤其在较低的饲养水平下，阉牛脂肪组织的沉积程度远远高于公牛。

2.体形

初生牛犊四肢骨骼发育早而中轴骨骼发育迟，因此牛体高而狭窄，臀部高于鬐甲。到了断奶（6～7月龄）前后，体躯长度增长加快，高度增长速度次之，而宽度和深度稍慢，因此牛体增长，但仍显狭窄，前、后躯高差消失。断奶至14～15月龄，高度和宽度生长变慢，牛体进一步加长、变宽。15～18月龄以后，体躯继续向宽、深发展，高度停止增长，长度增长变慢，体形逐渐变得浑圆。

3.胴体组织

随着动物生长和体重的增加，胴体中水分含量明显减少，蛋白质含量的变化趋势相同，只是幅度较小；胴体脂肪明显增加，灰分含量变化不大。骨骼的发育以7～8月龄为高峰，12月龄以后逐渐变慢。内脏的发育也大致与此相同，只是13月龄以后其相对生长速度超过骨骼。肌肉在8～16月龄直线发育，以后逐渐减慢，12月龄左右为其生长高峰。脂肪则是在12～16月龄急剧生长，但主要指体脂肪，而肌间和肌内脂肪的沉积要等到16月龄以后才会加速。胴体中各种脂肪的沉积顺序为皮下脂肪、肾脏脂肪、体腔脂肪和肌间脂肪。

4.肉质

肉的大理石纹在8～12月龄没有多大变化。但12月龄以后，肌肉中沉积脂肪的数量开始增加，到18月龄左右，大理石纹明显，即五花肉形成。12月龄以前，肉色很淡，显粉红色；16月龄以上，肉色显红色；到了18月龄以后肉色变为深红色。肉的纹理，坚韧性、结实性以及脂肪的色泽等变化规律和肉色相同。

（二）肉牛育肥期的饲养与管理技术

近些年来，各地都在大力发展肉牛养殖，其重点主要集中在育肥生产阶段，但是在不同的地域和气候条件下，肉牛育肥效果也不相同。肉牛育肥无疑是肉牛养殖的关键环节，每一位养殖者都希望肥育期肉牛能以最少的饲料消耗来获得尽可能高的日增重，生产出大量的优质牛肉。

育肥前应选择健康无病、食欲和消化能力正常，精神饱满，不患传染病和寄生虫病、代谢性疾病的肉牛。对牛进行全面检查，病牛、过老、采食困难的牛不要育肥。育肥前要驱虫（包括体外和体内寄生虫），并严格清扫和消毒房舍，清除传染病源。为了方便管理，减少外伤，要对带角牛去角。一般用骨锯锯角，出血时，用碘酒等药物消毒。公牛育肥前去势，并单槽喂养。育肥牛的房舍温度不低于0℃、不高于27℃。因此，一般以晚秋和冬季育肥为好，这样胴体也容易在市场销售。成年牛的育肥期不宜过长，一般以三个月为宜。膘情差的牛，可先用优质粗饲料进行饲养。有草山、草坡的地方，可先将瘦牛放牧饲养，然后再育肥。在育肥期间，应及时按增重高低调整日粮，提高育肥效果。

1.育肥期的饲养

（1）过渡期

肉牛在进入正式育肥前都要进入过渡期，让牛在过渡期完成去势、免疫、驱虫以及由于分群等原因引起的应激反应得以很好地恢复。另外，肉牛在过渡期的饲养目的还包括调整其胃肠功能，因肉牛进入育肥期后，饲料和饲喂方式都有变化。为了使其尽快地适应新的饲料、新环境以及饲养管理方式，过渡期的饲养非常重要。在这一时期肉牛仍以饲喂青干草为主，饲喂方式为自由采食，同时可限制饲喂一定量的酒糟。依据肉牛的体重和日增重来计算日粮，做好精料的补充工作，精料采食量达到体重的 1% ~ 1.2%。

（2）育肥前期

育肥前期为肉牛的生长发育阶段，又可称为生长育肥期，这一阶段是肉牛生长发育最快的阶段。所以此阶段的饲养重点是促进骨骼、肌肉以及内脏的生长，因此日粮中应该含有丰富的蛋白质、矿物质以及维生素。此阶段仍以饲喂粗饲料为主，但是要加大精料的饲喂量，让其尽快地适应粗料型日粮。粗料的种类主要为青干草、青贮料和酒糟，其中青干草让其自由采食，酒糟及青贮料则要限制饲喂。精料作为补充料饲喂时，其中的粗蛋白含量为 14% ~ 16%，饲喂时采取自由采食的方式，饲喂量占体重的 1.5% ~ 2%，为日粮的50% ~ 55%。

（3）育肥中期

在育肥中期，肉牛骨骼、肌肉以及身体各项内脏器官的发育已经基本完全，内脏和腹腔内开始沉积脂肪。此时的粗饲料主要以稻草为主，饲喂量为每天每头 1 ~ 1.5kg，停喂青贮料和酒糟，同时控制粗饲料的采食量。精料作为补充料，粗蛋白的含量为 12% ~ 14%，促使肉牛自由采食，使采食量为体重的 2% ~ 2.2%，为日粮的 60% ~ 75%。

（4）育肥后期

育肥后期为肉牛的育肥成熟期，此阶段主要以脂肪沉积为主，日增重明显降低。这一阶段的饲养目的是通过增加肌间的脂肪含量和脂肪密度，来改善牛肉的品质，提高优质高档肉的比例。粗饲料以麦草为主，每天的采食量控制在每头 1 ~ 3kg，精饲料中粗蛋白的量为 10%，让其自由采食，精料的比例为日粮干物质的 70%，每天的饲喂量为体重的1.8% ~ 2%，为日粮的 80% ~ 85%。要注意精料中的能量饲料要以小麦为主，控制玉米的比例，同时还要注意禁止饲喂青绿饲草和维生素 A，并在出栏前的 2 ~ 3 个月增加维生素 E 和维生素 D 的添加量，以改善肉的色泽，提高牛肉的品质。

2.育肥期的管理

在对肉牛进行育肥前要对牛群进行合理的分群。要根据肉牛个体的生长发育情况，按照不同的品种、年龄、体重、体质等进行分群，每群以 10 ~ 15 头为宜。在育肥过渡期结束后，或者肉牛生长到 12 月龄左右时就要完成从大群向小群的过渡，在以后的育肥过程中尽量不再分群、调群，以免产生应激反应，影响牛生长发育和育肥效果。另外，要注意宜选择在傍晚进行分群，分群后要保持牛群安静，并观察牛群是否有异常情况发生，发现无异常现象后即关灯，保持牛舍黑暗，可避免牛群间发生斗争。每天都要保证肉牛有一定的运动量，以增强其体质，促进生长发育，但是不可运动过量，以免影响增重。如果是从外购买架子牛育肥，则要做好隔离观察的工作，对牛群进行编号，并做好驱虫、免疫和去势等工作，才可进入正式的育肥期。

在育肥的过程中要定期进行称重，一般每两个月称重一次，同时测量体尺，做好记录，以充分了解肉牛的育肥情况，便于及时调整饲料和饲喂方法，加强成本控制，提高管理水平，以达到最佳的育肥效果。饲草饲料的种类不可过于单一，要两种以上，以保证肉牛摄入全面的营养。不同的生长育肥阶段对日粮的营养需求不同，因此需要根据需求更换饲料，但是要注意在换料时要有 7 ~ 15 天的换料过渡期，让肉牛的胃肠有一个调整的过程，以免发生换料应激影响肉牛的健康。在换料期间要注意观察肉牛的粪便，根据实际的情况做出适当的调整。饲喂时要注意保证饲料的质量，不可饲喂发生霉变的饲料，同时还要提供充足、清洁的饮水。

做好肉牛疾病的预防工作。除了要在隔离期以及过渡期对牛群进行驱虫外，在育肥的过程中也要定期地对肉牛进行预防性的驱虫，包括体内及体外寄生虫的驱除工作。在驱虫后要将粪便堆积发酵，杀灭虫源。每天都要对牛体进行刷拭，除了可保持牛体清洁卫生，还可促进血液循环，增强体质。做好牛舍环境卫生的清扫工作，保持牛舍清洁干燥，定期使用消毒剂对牛舍、用具等进行消毒。根据本场的免疫计划做好免疫接种的工作。另外，还要做好日常的观察工作，包括肉牛的采食、反刍、休息和排泄，以便及时发现异常、及时处理。如果发现牛患病要及时隔离饲养和治疗，使其尽快恢复健康。

3. 肉牛肥育方法

肉牛的肥育有持续肥育和后期集中肥育两种方法。

（1）持续肥育法

持续肥育法是指犊牛断奶后，立即转入肥育阶段进行肥育，一直到出栏体重（12 ~ 18 月龄，体重 400 ~ 500kg）。美国、加拿大和英国广泛采用这种方法。使用这种方法，日粮中的精料可占总营养物质的 50% 以上。既可采用放牧加补饲的肥育方式，也可用舍饲拴系肥育方式。由于持续肥育能在牛饲料利用率较高的生长阶段保持较高的增重，加上饲养期短，故总效率高。应用持续肥育法生产的牛肉鲜嫩，仅次于小白牛肉，而成本较犊牛肥育低，是一种很有推广价值的肥育方法。持续肥育法还有如下几种具体的方式。

① 放牧加补饲持续肥育。在牧草条件较好的地区，犊牛断奶后，以放牧为主，根据草场情况，适当补充精料或干草，使其在 18 月龄体重达 400kg。要实现这一目标，随母牛哺乳阶段，犊牛平均日增重达到 0.9 ~ 1kg。冬季日增重保持 0.4 ~ 0.6kg，第二个夏季日增重在 0.9kg。在枯草季节，对杂交牛每天每头补喂精料 1 ~ 2kg。放牧时应做到合理分群，每群 50 头左右，分群轮放。在我国，1 头体重 120 ~ 150kg 的牛需 1.5 ~ 2hm² 草场。放牧时要注意牛的休息和补盐。夏季防暑，狠抓秋膘。

② 放牧—舍饲—放牧持续肥育。此种肥育方法适应于在 9 月至 11 月出生的牛犊。犊牛出生后随母牛哺乳或人工哺乳，哺乳期日增重 0.6kg，断奶时体重达到 70kg。断奶后以喂粗饲料为主，进行冬季舍饲，自由采食青贮料或干草，日喂精料不超过 2kg，平均日增重 0.9kg。到 6 月龄体重达到 180kg。然后在优良牧草地放牧（此时正值 4 月至 10 月），要求平均日增重保持 0.8kg。到 12 月龄可达到 325kg，再转入舍饲，自由采食青贮料或青干草，日喂精料 2 ~ 5kg，平均日增重 0.9kg，到 18 月龄，体重达 490kg。

③ 舍饲持续肥育。犊牛断奶后即进行舍饲持续肥育，犊牛的饲养取决于培育的强度和屠宰时的月龄，强度培育和 12 ～ 15 月龄屠宰时，需要提供较高的饲养水平，以使肥育牛的平均日增重在 1kg 以上。制订肥育生产计划，要考虑到市场需求、饲养成本、牛场的条件、品种、培育强度及屠宰上市的月龄等。按阶段饲养就是按肉牛的生理特点、生长发育规律及营养需要特征将整个肥育期分成 2 ～ 3 个阶段，分别采取相应的饲养管理措施。

（2）后期集中肥育

对 2 岁左右未经肥育的或不够屠宰体况的牛，在较短时间内集中较多精料饲喂，让其增膘的方法称为后期集中肥育。这种方法对改良牛肉品质，提高肥育牛经济效益有较明显的作用。后期集中肥育有如下几种方式。

① 放牧加补饲肥育。此方法简单易行，以充分利用当地资源为主，投入少、效益高。我国牧区、山区可采用此法。对 6 月龄未断奶的犊牛，7 ～ 12 月龄半放牧半舍饲，每天补饲玉米 0.5kg、生长素 20g、人工盐 25g、尿素 25g，补饲时间在晚 8 点以后；13 ～ 15 月龄放牧；16 ～ 18 月龄经驱虫后，进行强度肥育，整天放牧，每天补喂精料 1.5kg、尿素 50g、生长素 40g、人工盐 25g，另外适当补饲青草。

一般青草期肥育牛日粮，按干物质计算，肉料比为 1：（3.5 ～ 4.0），饲料总量为体重的 2.5%，青饲料种类应在 2 种以上，混合精料应含有能量、蛋白质饲料和钙、磷、食盐等。每 1kg 混合精料的养分含量为：干物质 894g，粗蛋白质 164g、钙 12g、磷 9g。强度肥育前期，每头牛每天喂混合精料 2kg，后期喂 3kg，精料日喂 2 次，粗料补饲 3 次，可自由进食。我国北方省份 11 月以后，进入枯草季节，继续放牧达不到肥育的目的，应转入舍内进行全舍饲肥育。

② 处理后的秸秆加精料肥育。农区有大量作物秸秆，是廉价的饲料资源。秸秆经过化学、生物处理后课提高其营养价值，改善适口性及消化率。经氨化处理后的秸秆粗蛋白可提高 1 ～ 2 倍，有机物质消化率可提高 20% ～ 30%，采食量可提高 15% ～ 20%。可见氨化秸秆加少量精料即能获得较好的肥育效果。且随精料量的增加，氨化麦秸的采食量逐渐下降，日增重逐渐增加。

③ 青贮饲料加精料肥育。在广大农区，可作青贮用的原料易得。有资料显示，我国有可供青贮用的农作物副产品 10 亿吨以上，用于青贮的只有很少部分。若能提高到 20%，则每年可节省饲料粮 300 万吨。青贮玉米是肥育肉牛的优质饲料，据国外研究，在低精料水平条件下，饲喂青贮料能达到较高的增重。试验证实，完熟后的玉米秸，在尚未成秸秆之前青贮保存，仍为饲喂肉牛的优质精料，加一定量精料进行肉牛肥育能获得较好的增重效果。

④ 糟渣类饲料与精料肥育。糟渣是酿酒、制粉、制糖的副产品，除了水分含量较高（70% ～ 90%）之外，粗纤维、粗蛋白、粗脂肪等的含量都较高，而无氮浸出物含量低，其粗蛋白质占干物质的 20% ～ 40%。糟渣属蛋白质饲料范畴，虽然粗纤维含量较高（多在 10% ～ 20%），但其各种物质的消化率与原料相似，所以按干物质计算，其能量价值与糠麸类相似。用糟渣类饲料与精料肥育也能取得较好的增重效果。

五、奶牛日常饲养管理技术

奶牛的日常管理包括饲喂、饮水、运动、刷拭牛体与卫生消毒、肢蹄护理与应激控制。

（一）饲喂技术

奶牛每天的饲喂次数，一般与挤奶次数相一致，多实行3次挤奶，3次饲喂。尽可能保证挤奶间隔和饲喂间隔时间相等。采用"先干后湿""先喂后饮"的饲养原则。

1. 科学搭配日粮，合理饲喂

奶牛产奶的基础是平衡的营养，如果营养不合理，奶牛过瘦或过肥，不但会降低奶牛的产奶水平，而且抗病力、受胎率均下降。因此应注意以下几点。

（1）饲料多样化，以保证营养平衡

户养奶牛的饲料种类较单一，特别是冬春季节，严重缺乏优质青干草、青绿多汁料，所喂的饲料主要是未经处理的切短玉米秸和精料。冬春季节正值奶牛产奶高峰和适配期。因此，必须注意饲料的多样化，重视青干草、青绿多汁料的贮备与供应。农户在入冬前应收购贮存足够的各种饲料，其数量为每头成年母牛每日3kg干草、5～10kg块根块茎。

（2）适时调整饲料配方，科学投放精料

饲料配方是根据奶牛某一阶段的生产水平、季节、生理状况等而设计的，应随着奶牛情况的变化而适时调整，不能千篇一律。否则既影响了产奶水平，又浪费饲料。因此，应有泌乳牛配方和干奶牛配方之分，并应根据季节变化适时调整。精料的饲喂是否合理，关系到奶牛产奶的多少和产奶效益的高低，所以科学投放精料至关重要。一般成年母牛基础料可定为2kg，另加产奶料。高产奶牛（日产奶量在30kg以上的）可按每产2.0～2.5kg奶喂1kg精料计算，中产奶牛（日产奶量在15～30kg）可按每产3kg奶喂1kg精料计算，低产奶牛（日产奶量在15kg以下）可按每产4kg奶喂1kg精料计算。为保证日粮中粗纤维水平不低于13%，粗料占日粮的比例不能低于50%，但若因促奶需要，可短期低到40%。一般高产牛精料日给量最大不应超过10kg。

（3）重视干奶牛的饲喂

农户对泌乳牛的饲喂很重视，却易忽视干奶牛的饲喂。而干奶期的饲喂是否合理，对下一个泌乳期产奶量影响很大。

泌乳牛，尤其高产奶牛在产奶满305天后应有60天左右的停奶期，为下一个泌乳期的高产打下基础。但不少农户为了多产奶，干奶期过短，这是不可取的。

奶牛干奶期饲喂过于粗放，会严重影响奶牛以后的生产性能。应加强干奶牛的饲喂，可按日产奶量为5～10kg的奶牛饲养标准进行，具体情况还要看牛的膘情而定。饲喂时应以优质干草为主，适当喂些营养全面的精料，并搭配适量的青绿多汁饲料、块根块茎类饲料。一般精料日饲喂量可在2～3kg，不超过4kg，优质干草日喂量不少于2kg。

注意干奶期最后2周的合理饲喂。干奶期最后2周，应及时降低日粮中钙含量，日给量控制在钙60～80g、磷60g，以刺激奶牛产后对矿物质钙的吸收，预防产后发生疾病。当奶牛出现乳腺炎时可酌情减喂精料，控制青绿多汁料的供给。

（4）适时饲喂化学药物及添加剂

① 及时补碘，适时补钙，供给食醋。定期检查奶牛是否缺碘，并及时补碘。奶牛生产后，要适时静注葡萄糖酸钙，预防缺钙，稳定产奶量。每日给奶牛喂 0.2kg 食醋，可促使奶牛多产奶 1kg 以上。

② 适时添加尿素、动物脂肪、氨基酸。奶牛饲料中添加 5% 动物脂肪，或每 100kg 体重添加尿素 15 ~ 20g，或每日添加氨基酸 20 ~ 30g 等均可提高奶牛的产奶量。

③ 饲喂小苏打。从泌乳开始到结束，每头奶牛每天喂小苏打可使产奶高峰期提前，并在产奶高峰期加料由少到多，不限制饮水，可连续高产 8 个月。

④ 饲喂驱虫药。在母牛分娩后 48 天内，将噻苯达唑或阿苯达唑等驱虫药经口直接投入，一次投完，既可达到驱虫目的，又有促进奶水之效。

2.重视配种技术，提高情期受胎率

奶牛的配种工作直接影响其产奶效益。因此，要提高奶牛情期受胎率，节约配种费用，减少奶牛空怀期。仔细观察，准确判断奶牛的发情期，以做到适时配种。尽可能选择优良冻精，做到合理选配，以达到改良提高的目的。

3.加强奶牛饲养管理的规范化

（1）科学挤奶

坚持"四定"挤奶原则，即固定挤奶员、固定挤奶时间、固定挤奶地方、固定挤奶顺序。还要熟练掌握挤奶技术，挤奶技术好坏与产奶量关系极大。实践证明，适当增加挤奶次数能提高产奶量，但对产奶不高或泌乳高峰期后的奶牛以采用二次挤奶较为经济。一般来说，对日产奶量 15 ~ 25kg 的奶牛，日挤 3 次；对日产奶量 25kg 以上的奶牛，日挤 4 次。

（2）掌握适当的干奶期

初产奶牛怀孕干奶期不少于 75 天；成年奶牛干奶期一般 60 天，膘差的可延长到 65 天；老年奶牛干奶期为 70 天；挤乳超过 13 个月的怀孕奶牛干奶期不少于 4 个月。

（3）坚持按摩妊娠母牛的乳房

实践证明，奶牛乳腺的发育好坏，与生产第 1 胎奶牛有关，决定着其产后产奶量的高低。因此，第 1 次妊娠的育成母牛，于妊娠 5 个月就应该每天早、中、晚各进行 1 次乳房按摩，每次 5 分钟，至分娩前 15 天停止按摩，这样可使第 1 个泌乳期产奶量提高 20%。

（4）增加光照

在短日照季节里，给奶牛人工补充光照，使自然光照与人工补充光照总时间达到 16 小时，可以提高产奶量。

（5）进行牛群调整，做好良种培育

要坚持"选优去劣"原则，及时淘汰久配不孕、生产性能低和年老体弱的母牛，并选出优秀后备母牛进行补充。

（6）坚持预防为主，减少疾病的发生

定期做好牛口蹄疫、布氏杆菌病、结核杆菌病的疫苗接种工作，同时预防奶牛乳房炎、子宫炎、腐蹄疫病的发生。坚持用 0.5% 碘消毒剂药浴乳头；每月按时刷洗牛蹄 2 次，并用 15% 的硫酸钠溶液浴蹄；防止食物中毒的发生。

（二）奶牛饮水管理

由于牛奶成分的 87% 是水，所以，产奶量的高低在很大程度上依赖于水的摄入量，有时候即使日粮没有问题，仅仅因为饮水量不足就可能使产奶量下降 18% ~ 20%。所以，在奶牛生产中，一定要重视水的重要作用，观察奶牛的饮水情况并进行分析，及时做好调整。

1. 保证饮水充足

成年奶牛每喂 1kg 的干物质需要饮水 3.0 ~ 3.5L。可以把全混合日粮中的水分调至 55% ~ 57%，以提高奶牛的水分摄入量，同时避免奶牛偏食；冬季也可将部分精料用开水冲调成稀粥给奶牛饮用，可明显提高产奶量。用麦麸、玉米粉、豆饼粉掺入水中，可诱导奶牛多饮水。

有条件的奶牛场（户），可在牛舍和场内安装自动饮水器，让牛根据需要饮水，也可每天定时供水，一般每天 3 ~ 4 次，夏天每天 5 ~ 6 次。运动场内要设饮水槽，保证有新鲜清洁的饮水供给。

2. 保证饮水卫生

奶牛场的水源应避开农药厂、化工厂、屠宰场等，以防水源受到污染。水源最好是自来水，用井水、河水等水源的，须对水进行沉淀、消毒。饮水器具应保持清洁卫生，每天都要冲洗，定期消毒，夏季尤其要防止微生物污染水源。

3. 保证饮水温度

冬春季节，给奶牛饮 8.5℃ 的水比饮 1.5℃ 的水产奶量提高 8.7%；在气温 2 ~ 6℃ 的条件下，给奶牛饮 10 ~ 15℃ 的水与饮水池的冷水相比，产奶量可提高 9.0%。因此，冬春季千万不要给牛饮冰冷或过凉的水。然而，饮水温度过高，对奶牛也有害无益。在冬季长时间给牛饮 20℃ 的温水，则会使奶牛的体质变弱，表现为胃肠的消化机能减退，很容易患感冒。因此，成年奶牛饮水的适宜温度为 12 ~ 14℃，妊娠牛为 15 ~ 16℃，1 月龄内犊牛为 35 ~ 38℃。

在夏季应给奶牛饮凉水，或在饮水中添加一些抗热应激的药物，如小苏打、维生素 C 等。在养殖场内增加饮水器具，保证充足的饮水，增加饮水次数和饮水时间。在高温天气，可给奶牛饮凉绿豆汤，以减缓奶牛的热应激，提高奶牛的产奶量。

（三）奶牛养殖的运动管理

一头成年母牛体重达 500 ~ 700kg，这么大的体重主要靠四肢来支撑。如果运动不足，容易患肢蹄病，降低产奶量和繁殖力，还会降低对气温及其他因素急剧变化的适应能力，容易患感冒、消化及呼吸器官疾病。因此，让奶牛每天运动 2 ~ 3 小时，对增强牛的体质是十分必要的。

（四）刷拭和冲洗牛体

通过刷拭牛体还能使牛养成温驯的习性，利于挤奶操作。刷拭按从前到后、从左到右、从上到下的顺序依次进行。刷拭头部、四肢时动作要轻。每天可刷拭 2 次，每次 3 ~ 5 分钟。刷拭时精神要集中，随时注意牛的动态，以防被牛踢伤、踩伤。

盛夏气温很高，为促进皮肤散热，可用水冲洗牛体，既有助于皮肤卫生，又使皮肤功能旺盛，达到预防疾病和卫生保健的目的，并能起到防暑降温、提高产奶量的作用。

（五）环境消毒

牛舍周围环境（包括运动场）每周用 2% 氢氧化钠液消毒或撒生石灰 1 次；场周围及场内污水池、排粪坑和下水道出口，每月用漂白粉消毒 1 次。在大门和牛舍入口设消毒池，使用 2% 氢氧化钠溶液消毒。

（六）牛舍清洁消毒

为防止牛舍内产生有害气体，牛舍在牛下槽后应彻底清扫干净，定期用高压水枪冲洗，并进行喷雾消毒或熏蒸消毒。尽量做到舍内不存粪尿，消灭蚊蝇的滋生地，加强灭除蚊蝇的措施。冬季还要注意通风换气，如需冲洗地面，要尽量少用水，以防舍内湿度过高。定期对饲喂用具、料槽和饲料车等进行消毒，可用 0.1% 新洁尔灭或 0.2% ~ 0.5% 过氧乙酸消毒；日常用具（如兽医用具、助产用具、配种用具、挤奶设备和奶罐车等）在使用前后应进行彻底消毒和清洗。另外，还必须定期进行奶牛环境消毒，有利于减少环境中的病原微生物，以减少传染病和蹄病等的发生。可用于奶牛环境消毒的消毒药有：0.1% 新洁尔灭、0.3% 过氧乙酸和 0.1% 次氯酸钠。在奶牛环境消毒时应避免消毒剂污染到牛奶中。

（七）应激控制

应激是奶牛机体对外界或内部的各种非常刺激所产生的非特异性应答反应的总和。常见应激因子有噪声、气候骤变、高温、不良的饲养管理、粗暴的操作、群体的大小与饲养密度改变、不合理的日粮结构、霉变的饲料原料、日粮的突然变更、搬迁、转群合群、新环境、疾病、免疫、驱虫、修蹄与子宫冲洗等。应激因子越多，危害越大，应采取综合性措施，应针对实际情况进行全方位的考虑，防止奶牛应激的发生。以下是几种常见处理方式。

1. 强化管理奶牛场

应保持相对稳定的饲养环境、饲喂方式、日粮组成，减少人为因素产生的应激反应。

饲养管理方面，应注意合理的饲养密度、牛舍的通风换气，将温度、湿度控制在规定的范围，避免温差过大。不要出现缺水、缺料的现象。

生产环节上，尽可能避免更换饲养场地与重新组群，防止位序改变造成争斗。控制生产操作中的噪声，杜绝大喊大叫，粗暴驱赶和鞭打牛，尽可能地不突然改变生产操作程序和临时更换挤奶人员。生产中必须要采取一些技术措施时，比如去角、防疫接种、喂药、转群等操作性工作，这些操作在一定程度上均会对奶牛产生应激，要提前做好各项准备工作，尽可能小心仔细地进行。

2. 疾病防治

病毒、细菌、霉菌、寄生虫等致病病原体不仅可致病，而且也是应激因子。因此，平时应做好疾病的防制和消毒灭菌工作，消灭和控制疾病的传染源；认真做好免疫接种工作，在可能出现问题的情况下，要提前给药，预防和控制疾病的发生，尽可能减少疾病应激因子的产生。

3.环境治理

不管在什么样的外界条件下，必须使奶牛外部环境与内部功能保持一个动态平衡，才能使奶牛健康生长。过冷或过热都会影响产奶量，冬、夏季都要提高日粮营养物质的浓度，增强牛抗寒防暑的能力。冬季要将牛舍的窗户关闭，牛床上要铺厚垫料。夏季要在牛舍内安装喷淋与通风系统或采用其他降温设施。遇到高温气候，白天不要在室外放牛，夜间应增加饲喂的次数，尽可能地提高奶牛的采食量。另外，还应做好杀虫灭鼠工作，防止虫、鼠及其他动物对牛的骚扰等。

4.药物预防

高温热应激时，应在每吨日粮中添加 200g 维生素 C。另外，可在饮水和饲料中添加氯化钾，这对于提高奶牛的饮水量大有益处，用量应视日粮中钾的含量而定。另外，还可以在奶牛日粮中添加有关抗应激添加剂。

第二节　牛疾病预防与治疗分析

一、牛病的主要特点分析

（一）病症类型多样，发病率较高

牛病因其种类繁多而难以治疗，最显著的特征是多样性和高发病率。现代牧业更加注重大规模繁殖，增加了疾病传播的可能性，从而提高了发病率。

（二）人畜交叉感染

目前，许多病毒和细菌在动物和人之间传播，不仅影响着畜牧业的健康发展和经济发展，还影响着人类健康。人畜共患疾病也成为当前牛病的最突出特征。

（三）病菌的耐药性不断提升，诸多疑难病症频繁出现

对牛病，其治疗的潜在困难是致病菌或病毒产生耐药性，导致原来的治疗药物无效，甚至会产生新的病情。

（四）传播迅速

在养殖中，水和食物均匀分布然后共享。当其中一头牛受到感染时，如果没有及时诊断隔离，它可以在不到一天的时间内传递给整个牛群。人畜共患疾病的病原体除了通过空气、土壤和水传播外，还能通过饲养员、兽医传播。

二、牛养殖中的常见病

（一）犊牛腹泻病

犊牛出生后，如果所处的环境恶劣，容易感染轮状病毒或细菌引起腹泻。

1. 病因分析

（1）饲养管理不当

如无法坚持对新生犊牛采取定时、定量、定温、定人饲养，容易导致犊牛机体消化不良或者缺乏营养，从而出现腹泻。另外，犊牛产出后的开始几天，机体免疫力非常低，需要通过吮食初乳获得基本的抗体来避免发生疾病或者应激反应。如果犊牛吮食初乳时间过晚、喂量过少或者根本没有摄取母乳，无法获取足够的母源抗体，导致免疫力下降，从而容易发生腹泻。

（2）环境因素

饲养环境较差，导致母牛乳房皮肤不清洁、乳汁不干净，或者犊牛吮吸患有乳腺炎母牛的乳汁等，都可引发犊牛腹泻。另外，环境噪声过大、饲喂过多，往往会使犊牛消化系统失调，从而发生腹泻。此外，犊牛栏内潮湿阴暗、缺少光照、通风较差、没有严格消毒等，也会使犊牛感染致病菌，引发腹泻。

（3）应激因素

气候突变时如没有及时进行防暑、防寒、防风、防雨，导致犊牛突然受热或者受冷刺激，会引发腹泻。另外，难产、长距离运输、环境改变等应激反应，也会导致犊牛发生腹泻。

（4）病原微生物因素

① 细菌性腹泻。犊牛细菌性腹泻主要是由感染大肠杆菌、魏氏梭菌、沙门氏菌、巴氏杆菌、芽孢杆菌以及弯曲杆菌等引发。犊牛单纯感染可能不会出现腹泻，但如果饲养环境不良，犊牛机体抵抗力降低，肠道菌群失调，再加上感染细菌，就会引起腹泻。引起犊牛腹泻最常见的细菌是大肠杆菌，通常是小于20日龄的犊牛易感染，排出混杂血液和炎性产物的粪便。

② 病毒性腹泻。犊牛病毒性腹泻通常是由轮状病毒和冠状病毒引发，另外感染黏膜病毒和类冠状病毒也可引起腹泻。一般来说，主要是5～15日龄犊牛易感染轮状病毒和冠状病毒引发腹泻，有时6～24月龄的青年牛也可感染发病。

③ 寄生虫性腹泻。犊牛寄生虫性腹泻主要由隐孢子虫和球虫等寄生虫引发，另外蛔虫、绦虫也可导致腹泻。一般来说，3～35日龄犊牛通常是感染隐孢子虫而出现腹泻，大于3周龄至1岁龄的牛往往是感染球虫发生腹泻。

2. 临床症状

犊牛的一般腹泻，会排出较稀薄或者水样粪便，呈黄色或者白色，其含水量往往可达到正常犊牛排出粪便的7～13倍，并散发较重的异味，粪便中还可能混杂黏液或者血液等。有些犊牛出现皮肤弹性完全消失、被毛粗乱、眼睛凹陷、怕冷、食欲减退等症状，站起缓慢或者困难，甚至不能够站立。

如果犊牛发生比较严重的腹泻，会排出淡灰色的水样粪便，散发恶臭味，并混杂气泡、血丝或者凝血块。初期患病犊牛较难控制排粪，往往是自由流出，然后机体会极度衰弱，最终卧地不起。如果为急性型腹泻，犊牛可能在32～84小时死亡，病死率往往可高达90%。

（二）牛结核病

牛结核病是牛病中最具传染性的，而且是人畜共患疾病，没有季节性特征。

1. 病原

结核病病原菌为结核分枝杆菌，俗称结核杆菌，分为3型，即人型、牛型和禽型。其中以牛型对牛的致病力最强。牛型结核分枝杆菌长1～4μm，宽0.3～0.6μm，单个或呈链状排列，为革兰氏阳性杆菌，具有抗酸染色特性。结核杆菌对外界环境的抵抗力很强，抗干燥，在干涸的分泌物中可存活6～8个月，在粪便中可存活数个月，在污水中甚至能存活11～15个月。但结核杆菌不耐热，60℃处理20～30分钟即可灭杀。10%漂白粉溶液和70%～90%乙醇溶液对结核杆菌的消毒效果也较好。结核杆菌对链霉素、氨基水杨酸钠、异烟肼、环丝氨酸和利福平等药物，具有不同程度的敏感性；对青霉素、磺胺类药物以及其他广谱抗生素都不敏感。

2. 流行病学

结核杆菌除感染人和牛外，还感染50多种哺乳动物和20多种禽类。牛是对其最敏感动物，人结核病有10%以上是由牛结核分枝杆菌引起的。结核病无季节流行性，一年四季均可发生。牛结核病发生与流行的原因主要是：检疫不严格，盲目引种；对检出阳性牛不能及时处理；未能从根本上消灭传染源以及人畜间相互感染。牛结核主要的传播途径是经呼吸道传播，很微量的牛结核菌即可引起感染。采食污染的饲料和饮水是另一种主要传播途径。

3. 病理变化

牛结核病病灶，常见于肺、肺门淋巴结、纵隔淋巴结，其次为肠系膜淋巴结和头颈部淋巴结等。病牛的淋巴结呈干酪样坏死或钙化，切开时有沙砾感。有的病牛淋巴结软化、溶解，形成空洞。当肺结核发生时，肺上具有多米粒大小的微透明的结节，逐步增大并由纤维蛋白包围，呈现粟粒性结核病病变。胸腔与腹腔浆膜表面出现粟粒至豌豆大小、半透明的灰白色坚硬结节，形如珍珠。肠结核发生于小肠或盲肠，肠黏膜表面有大小不等的结节或溃疡，溃疡周围呈堤状，底部坚硬并覆有干酪样物。

4. 临床表现

牛结核病潜伏期一般为10～45天，有的长达数月乃至数年。

（1）肺结核

病初，食欲、反刍无大异常。只是清晨吸入冷空气或含尘埃的空气时易发咳嗽，先为短干咳，后为带痛顽固性干咳。鼻液呈黏性、脓性，灰黄色，呼出气有腐臭味。呼吸出现困难，呈伸颈仰头状，呼吸声似"拉风箱"。听诊肺区有干性或湿性啰音，叩诊肺区有半浊音或轻浊音。病牛明显消瘦，贫血，易疲劳。当发展成弥漫性肺结核病时，体温升高达40℃，呈弛张热或间歇热。体表淋巴结肿大。当纵隔淋巴结肿大压迫食道时，可见慢性瘤胃臌气。

（2）肠结核

呈现前胃弛缓症状，迅速消瘦，顽固性腹泻。粪便呈稀粥状，混有黏液或脓性分泌物。

全身乏力，肋骨显露。直肠检查可见腹膜粗糙不光滑，肠系膜淋巴结肿大。

（3）淋巴结结核

因淋巴结部位不同而症状各异。咽后淋巴结肿大时，压迫咽喉，呼吸音多粗粝而响亮；纵膈淋巴结肿大时，可产生瘤胃臌气症状；肩前和股后淋巴结肿大时，可引发前后肢跛行。

（4）乳房结核

乳房淋巴结肿大，可使病乳区发生局限性或弥散性硬结，无热痛，乳房表面凹凸不平。病乳区泌乳量显著减少，乳汁稀薄如水样，或停止泌乳。乳汁呈灰白色。

（5）脑及脑膜结核

病牛多呈现神经症状，如惊恐不安、肌肉震颤、站立不稳、步态蹒跚、头颈僵硬、眼肌麻痹，后期陷于昏迷状态，呼吸和心律失常。

5.诊断技术

牛结核病可根据牛群的具体情况采用不同的方法进行诊断，病牛以临床和实验室诊断为主，可疑牛群和健康牛群以结核菌素皮内变态反应检疫为主，配合实验室诊断。目前，国内外用于诊断牛结核的检验方法大体可分为3类。第1类是细菌学检验方法。但由于结核菌培养一般需要3~8个星期，且细菌培养检出率低、敏感性差，已经不能满足临床诊断的需要。第2类是分子生物学检验方法，如核酸探针、PCR和DNA图谱法等分子生物学方法。这些方法目前仅适用于实验室研究，不能推广使用。第3类是免疫学方法检测结核菌的特异性抗体，如皮内变态反应、ELISA等，这些方法已广泛运用于临床诊断中。

到目前为止，世界动物卫生组织（OIE）推荐的牛结核病诊断方法只有结核菌素（PPD）变态反应。但该诊断方法存在诸多弊端，在诊断过程中，既有物理性的干扰，也有化学性的干扰，但更多的是非结核性杆菌的干扰，常造成非特异性反应的发生。对于结核污染牛场，仅用单纯的变态反应试验并不能检出所有的结核病牛，所以还应辅助以ELISA结合使用。

（三）牛感冒

1.病因病理

牛感冒病原为牛流行性感冒病毒，主要由呼吸道感染，或间接通过昆虫叮咬、物品用具而传染。中兽医认为，牛感冒多因气候突变、冷热失常、饲养失调、劳役过度、体质衰弱、卫外功能减退，疫毒（流行性感冒病毒）风邪乘虚侵入肺而致病。牛感冒多发生于夏秋及春初季节，以重胎牛、高产乳牛及黄牛多发，水牛及犊牛则很少发病。流行似有一定的周期性，每隔3~5年大流行或小流行一次。

2.症状

患牛体温突然升高到39~41℃，个别病例可升高到42℃。病畜体热，恶风寒，头低耳耷，弓背毛乍，皮温不整，结膜发红，两眼流泪，鼻孔流涕，口角流涎，呼吸稍快，四肢无力，食欲减少或废绝，反刍停止。临床上将牛感冒分为三型。

（1）风寒型

鼻流清涕，鼻、耳尖及四肢下端发冷；精神恍惚、咳嗽喘气；大便稀薄而泻，带有泡沫，量不多，气味甚臭；小便黄短；口内青白兼红。

（2）风湿型

全身发热，恶风发抖，鼻汗或有或无，鼻流清涕，时发咳嗽，行走拘束，甚至蹄不着地，不敢开步，躺卧不起，大便稍干，小便黄短，口色红，舌津滑利，舌苔白。

（3）风热型

身体发热，恶风发抖，鼻镜干燥而热，皮肤特热，精神痴呆，昏睡，鼻流白色黏稠鼻涕或少量浊涕，浑身疼痛，四肢软弱，卧多立少，时发咳嗽而喘，大便稍干，小便黄短，舌津很少或干燥，舌苔白而微黄，口色红。

3.诊断要点

牛感冒主要根据临床的症状及流行特点，如在牛群中突然暴发流行、迅速传播和停息、流行于炎热多雨季节、数年流行一次、发病率高而死亡率低等做出诊断。必要时结合血液检查，其特点是：白细胞在体温升高到最高时迅速增加，尤其是中性粒细胞激增，最为明显的是核左移现象，淋巴细胞则显著下降至10%以下。单核细胞在发热期变化不明显，但在恢复期反而增加，甚至可高达15%。

（四）口蹄疫

1.牛口蹄疫的概述

牛口蹄疫也是常见的牛传染病之一。口蹄疫病毒是导致偶蹄类动物发生接触性、热性、急性传染病的原因，病毒进入动物体内后会潜伏2～21天，潜伏期过后开始表现出症状。病牛表现为蹄部、乳房、口腔黏膜出现水疱，水疱于0.5～3.0天内破溃；病牛呼吸、脉搏加快；其食欲减退，精神萎靡；体温上升，可达41℃。

牛口蹄疫具有传播速度快的特点，其传播方式较多，病牛粪便、泪液、口涎、尿液、乳汁以及水疱液等均含有病毒，经呼吸道、消化道均可感染。牛群中一旦发生牛口蹄疫，即可在短时间内暴发，对一定范围内的养殖户均造成严重经济损失。

2.牛口蹄疫的诊断措施

牛口蹄疫的潜伏期长短不一，待病牛出现症状再确诊已为时已晚，病毒很可能已经经过多种方式传播至其余健康牛体内。因此当怀疑牛患有口蹄疫时，建议收集牛蹄部、乳房、舌部等新鲜水疱皮10g左右，加甘油生理盐水低温保存后送检，经实验室诊断检查。

三、牛病的防治策略

（一）犊牛腹泻病的防治

1.补充体液

无论是患细菌性腹泻还是病毒性腹泻，对患病犊牛及早进行补液都是非常必要的，如果补液较晚或者用量较少都会错过最佳治疗时机，导致犊牛机体极度衰竭而死。

根据患病犊牛的脱水程度以及酸碱平衡情况，要选择合理的途径进行补液，常用补液途径为口服、腹腔注射以及静脉注射等。补充液体的原则是先补充足够的已经流失的体液，之后采取随失随补。

如果患病犊牛症状严重，发生明显脱水，可取等量的等渗氯化钠溶液（0.85%）和等渗碳酸氢钠溶液（1.3%），混合均匀后静脉滴注，开始的 6 小时内按体重使用 100mL/kg，之后 20 小时内按照维持量，即按体重使用 140mL/kg。如果患病犊牛发生中度脱水，开始 6 小时内可按体重静脉注射 50mL/kg，之后 20 小时内也按照维持量补液。如果患病犊牛可以自饮，则可使其口服营养电解质溶液。

犊牛发生腹泻后，典型的血液指标是 pH 值低、低血糖、高血钾、低血钠、低血氯，因此在补液的同时还要补充适量的电解质，常采取口服补液盐，治疗效果良好。口服补液盐配方为 1 000mL 水、20g 葡萄糖、1.5g 氯化钾、3.5g 氯化钠、2.5g 碳酸氢钠。需要注意的是，口服液的温度适宜控制在 30 ～ 35℃。

患病犊牛在静脉注射补液或者服用口服液后，如果在 6 ～ 10 小时内精神状况好转，控制脱水，并开始进行排尿，则表明有痊愈的可能；如依旧精神萎靡，无法排尿，说明已经发生不可逆的肾衰竭，治疗则基本不会见效，病牛最终往往会由于严重衰竭而死。

益生素是一种有益活杆菌制剂，犊牛使用后能够增加消化道内有益菌群的数量，提高机体抗病能力。使用时取 20 ～ 40g 益生素添加于 100L 饮水中，充分溶解后任其自由饮用，治疗效果良好。需要注意的是，该制剂禁止配合抗生素使用。

2. 输血疗法

无论是患细菌性腹泻或者病毒性腹泻，给新生犊牛输入适量的母牛全血，都能够使其血液中的免疫球蛋白水平升高，从而增强机体抗病力。特别是牛群出现暴发性腹泻时，采用输血疗法能够明显降低犊牛病死率。

方法是在犊牛产出后的 3 小时内，一次性输入 400 ～ 600mL 母血。如果母牛是初产，也可选择其他刚分娩不久的经产母牛的血液用于输血。

需要注意的是，输血前最好经过配血试验。如果没有进行配血试验，可使用血液抗凝剂，即氯化钙进行抗凝。氯化钙还具有抗过敏作用，一般按全血的 10% 添加 10% 氯化钙，并注意血液要现采现用。

3. 适量饲喂牛奶

近年来，有报道指出患病犊牛在进行补液的同时还要继续供给牛奶，这是由于其能够提供能量。因电解质液中大概只含有机体所需能量的 50%，特别是在冬天，需要给腹泻犊牛提供更多的能量用于维持体温，只补充电解质会造成体温急剧下降。另外，如果没有营养物质流过肠道，肠黏膜会无法吸收营养，从而延长腹泻恢复需要的时间。此外，牛奶还含有犊牛生长发育需要的各种营养因子，还可添加 5% ～ 10% 的初乳，其中所含的抗体能够给局部肠道提供保护。患病犊牛每天可供给 1.5L 牛奶，分成 2 ～ 3 次饮用。

需要注意的是，如果同时饲喂电解质和牛奶，会在牛真胃中形成乳凝块，因此要在饲喂牛奶 2 ～ 3 小时后补充电解质液。

（二）牛结核病的防治

首先，要对牛群进行定期肺结核检查；其次，应对已经感染的畜群进行严格的检疫工作，从而排除结核病的传播；最后，对有感染风险的牛群接种疫苗。如果出现疑似病牛，必须及时进行检疫监测、及时隔离、清洁环境。对于那些表现出阴性，没有临床症状的，可以在牛群中恢复健康。

（三）牛感冒的防治

牛感冒治疗以疏解外邪、宣通肺气为主。治疗风寒型宜祛风散寒，内服麻黄桂枝汤（方4）或荆防败毒散（方2）治之。风湿型宜解表祛风、化湿，以内服方3或方4治之。风热型宜辛凉解表、清肃肺热，以内服方5或麻杏石甘汤加味（方6）治之，针刺舌底、山根、睛灵、血印、苏气、六脉、百会、肺俞、开风、垂珠、四肢八字等穴。对较重病例应中西结合进行治疗，如体温高，可用安乃近或氨基比林；卧地不起者，可用水杨酸钠或葡萄糖酸钙；继发肺炎可用抗生素或磺胺类药物；对严重脱水者可进行补液，加入安钠咖。

方1：麻黄桂枝汤。麻黄25g、桂枝20g、羌活30g、防风30g、当归30g、陈皮30g、木香20g、砂仁15g、细辛15g、苏叶30g，姜、葱适量为引，共煎水内服。加减：若有咳嗽，加杏仁20g、桔梗30g、款冬花25g、百部30g；肚胀，加槟榔30g、炒山楂肉30g、枳壳30g；卧地不起，加威灵仙20g、秦艽30g；腹泻，加黄檗25g、厚朴30g、诃子30g、乌梅95g。

方2：荆防败毒散。荆芥25g、防风30g、前胡20g、柴胡30g、川芎30g、枳壳30g、羌活30g、独活30g、茯苓25g、桔梗20g、党参25g、甘草15g、薄荷10g、生姜30g，共煎水去渣，候温内服。

方3：荆芥30g、防风30g、白芷25g、薄荷25g、陈皮25g、青皮20g、秦艽30g、独活30g、苍术25g、柴胡25g、当归25g、川芎15g、厚朴20g、槟榔20g、泽兰叶25g、板蓝根30g、生姜30g为引，共煎水候温灌服。

方4：板蓝根95g、贯众95g、蒲公英125g、葱白125g，共捣碎，加水内服。

方5：连翘25g、银花30g、黄檗20g、生地25g、僵蚕15g、蝉蜕15g、神曲30g、木通20g、桔梗20g、滑石30g、香薷15g、甘草15g、蒲公英30g、牡丹皮20g、板蓝根30g，清油250mL为引，共煎水候温内服。

方6：麻杏石甘汤加味。麻黄20g、杏仁30g、石膏60g、甘草15g、瓜蒌30g、紫苏30g、陈皮30g、大黄60g、葶苈子30g、板蓝根30g，共煎水内服。

牛群中发现有病牛应及时隔离，以防传染。病牛应拴在安静清洁栏舍内休息，卧地多垫软草，增喂青饲料，在饮水中放些食盐。在夏天天气特别热而夜间又比较凉时，要做好防暑降温及预防受凉工作。白天不要把牛拴在直射阳光下晒太阳，在天热时，每天要增加饮水次数及喂以足够量的食盐和矿物质等。

（四）牛口蹄疫的防治措施

1. 牛口蹄疫的预防措施

牛口蹄疫病毒具有较强的潜伏性，对牛口蹄疫应重视预防。将预防工作做好有助于早期发现病牛并采取相应措施，进而尽可能避免遭受重大经济损失。

① 重视养牛场的消毒与清洁工作，尽可能控制病毒的感染途径，进而为牛群的健康提供保障。可以采用消毒液进行消毒，建议采用过氧乙酸溶液（浓度为0.5%）对全部养殖

区域如牛栏、食槽等按照 1 周 1 次的频率进行定期消毒，及时清除牛粪便，确保牛舍卫生、干燥、通风、清洁。

② 重视对牛群的防疫检查，及时为牛群注射牛口蹄疫疫苗，从而为牛提供牛口蹄疫抗体，减少口蹄疫发病。接种前先了解临近地区与当地的病毒毒型，以毒型为依据选取灭活苗或弱毒苗。

③ 强调种牛健康，引入种牛的过程中应严格遵守检疫要求以及相关规定的要求，杜绝引入来历不明的外来种牛。选用种牛时，重视检查种牛的口蹄疫检疫力度，从而确保养殖区域内无牛口蹄疫病毒。

④ 已经发生疫情时，要立即上报相关部门，封锁疫区，禁止人畜来往，将病畜扑杀、销毁以消灭疫源；全面落实消毒工作，消毒污染环境以及畜舍，进行大消毒以扑灭疫情；分离鉴定病毒以确定毒型，紧急接种易感牛群。待最后一只病牛痊愈或死亡 14 天后，全面消毒后再解除封锁。

2. 牛口蹄疫的治疗措施

当牛口蹄疫发病时，需要用硫酸铜溶液清洗牛蹄部分以及患病部位。冲洗完毕后，用消毒消炎药水（如碘酒）进行涂抹处理以消毒抗炎。

牛蹄发炎是牛口蹄疫的并发症之一，将清洗消毒工作做好后，要用无菌纱布对病牛牛蹄进行包裹以杜绝感染，按照 2 天 1 次的频率进行定期更换，进而确保牛蹄清洁。

加强对病牛的护理，加大消毒频率，提供米汤、面汤、青草等柔软多汁饲料，提供清洁水。给予口腔治疗，采用明矾（浓度为 2% ~ 3%）、福尔马林（0.2%）、高锰酸钾（0.1% ~ 0.2%）对病牛口腔进行洗涤，涂抹硫酸铜溶液或碘甘油。挤奶时，进行常规消毒并采用温水进行清洗，涂抹磺胺软膏或青霉素软膏。

当病牛患有恶性口蹄疫或合并并发症时，给予局部治疗的同时，也应给予抗生素、营养补剂以及强心剂等，视情况决定给予盐水或葡萄糖溶液加入抗生素进行输液。

第三章 羊的养殖与日常诊疗

第一节 羊的日常饲养管理技术

一、养殖羊的品种选择与场地选择

（一）养殖羊的品种选择

优良的羊品种，可以在相似和相同的饲养管理条件下生产出更多、更好的羊产品，可以很明显提高羊场养殖劳动生产效率和经济效益。但在实际养殖羊生产中，羊品种的好坏是相对于一定生态条件、生产目的和经济效益而言的，没有一个统一的标准。同一品种在不同的生态环境条件和饲养管理条件下，可以产生不同的生产效果和不同的经济效益。在羊场生产中，只要是适应当地的生态条件、生产性能好、遗传性能稳定、经济效益高的品种，就是好的品种。

（二）养殖羊的场地选择

1.羊场场址选择原则

① 地势高燥，背风向阳，排水良好，地势以坐北朝南或坐北朝东南方向的斜坡地为好。切忌在洼涝地、潮湿风口等地建羊场。

② 场地附近应有优良的放牧地，水源条件良好，水源充足、水质好、无污染。

③ 场地附近要有电源设施，方便饲草、饲料加工。

④ 土地面积较大，要有发展前途，有条件的地区还可考虑建立饲料生产基地。

⑤ 尽量选择四周无疫病发生的地点作场址。

⑥ 场地要远离居民区、闹市区、学校、交通干线等，便于防疫隔离，以免传染病发生。选址最好有天然屏障，如高山、河流等，使外人和牲畜不易经过。

⑦ 选址要考虑交通运输方便，但距交通要道不应少于 500m，同时尽量避开附近饲养场转场通道，便于疫病的隔离和封锁。

2.羊场的基本设施

根据羊场的规模大小及生产性质，羊场的基本设施包括：羊舍、运动场、牧草地、饲料加工机房、氨化（青贮）池、兽医化验诊断室、防疫消毒池、动物无害化处理及粪便无害化处理设施、围栏设施、饲料仓库、办公场所等。

（三）羊舍建筑要求

1. 羊舍设计的基本要求

① 尽量满足羊对各种环境卫生条件的要求，包括温度、湿度、空气质量、光照、地面硬度及导热性等。羊舍的设计应兼顾夏季防暑和冬季防寒；既有利于保持地面干燥，又有利于保证地面柔软和保暖。

② 符合生产流程要求，有利于减轻管理强度和提高管理效率，能保障生产的顺利进行和畜牧兽医技术措施的顺利实施。设计时应当考虑的内容，包括羊群的组织、调整和周转，草料的运输、分发和给饲，饮水的供应及其卫生的保持，粪便的清理，以及称重、防疫、试情、配种、接羔与分娩母羊和新生羔羊的护理，等等。

③ 符合卫生防疫需要，要有利于预防疾病和减少疾病的发生与传播。对羊舍进行科学设计和修建，能防止和减少疾病的发生。同时，在进行羊舍的设计和建造时，还应考虑到兽医防疫措施的实施问题，如消毒设施的设置、有害物质的存放设施等。

④ 结实牢固，造价低廉。羊舍及其内部的一切设施最好能一步到位，特别是像圈栏、隔栏、圈门、饲槽等，一定要修得特别牢固，以减少以后维修的麻烦。不仅如此，在进行羊舍修建的过程中还应尽量做到就地取材，降低成本。

2. 羊舍建筑要求

① 建筑地点要符合场址要求。羊舍要建在办公、宿舍的下风头；兽医室、贮粪场要在羊舍的下风头；羊舍的南面要有足够的运动场。

② 建筑面积要足，使羊可以自由活动。拥挤、潮湿、不通风的羊舍，有碍羊的健康生长，同时在管理上也不方便。特别是在南方潮湿季节，尤其要注意建筑时每只羊最低占有面积：种公羊 $1.5 \sim 2m^2$、成年母羊 $0.8 \sim 1.6m^2$、育成羊 $0.6 \sim 0.8m^2$、怀孕或哺乳羊 $2.3 \sim 2.5m^2$。

③ 建筑材料的选择以经济耐用为原则，可以就地取材，石块、砖头、土坯、木材等均可。

④ 羊舍的高度要根据羊舍类型和容纳羊群数量而定。羊数量多需要较高的羊舍高度，使舍内空气新鲜，但不应过高，一般由地面至棚顶 2.5m 左右为宜，潮湿地区可适当高些。

⑤ 合理设计门窗。羊进出舍门时容易拥挤，如门太窄，孕羊可能因受外力挤压而流产。所以门应适当宽一些，一般宽 3m、高 2m 为宜。要特别注意门应朝外开。如饲养羊数量少，体积也相应小的羊，舍门可建成宽 $1.5 \sim 2m$。在寒冷地区，舍门外可加建套门。

⑥ 羊舍内应有足够的光线，以保持舍内卫生，要求窗面积占地面面积的 1/15，窗要向阳，距地面高 1.5m 以上，防止贼风直接袭击羊体。

⑦ 羊舍地面应高出舍外地面 $20 \sim 30cm$，铺成缓坡形，以利排水。羊舍地面以土、砖或石块铺垫，饲料间地面可用水泥或木板铺设。

⑧ 潮湿地区要建成楼式羊舍。楼台用木条或竹条平铺，但须结实，木竹条间距 $1 \sim 1.5cm$，可以漏羊粪，楼台距地面 $1.5 \sim 1.8m$，以便清粪。

⑨ 保持适宜的温度和通风。一般羊舍冬季保持 0℃ 以上即可，羔羊舍温度不低于 8℃，产房温度在 $10 \sim 18℃$ 比较适宜。

3.主要的配套设施

（1）干草房

用于贮藏干草作越冬饲料，其空间大小可根据每只羊200kg青干草来推算。

（2）青贮和氨化设备

根据饲养规模来建立青贮窖和氨化池。要做到不漏水、不跑气。

（3）药浴池

即用药物洗澡的水池。用于防虫治虫，便于肉羊的正常生长和发育。

（4）饲槽和饲料架

饲槽用于补充精料和饲喂颗粒饲料，饲料架则用于晾干青绿饲料。

二、养殖公羊的日常管理

种公羊在整个羊群中具有重要的地位，其饲养管理是否合理、科学，对羊群的繁殖和生产水平的提高有直接影响。因此，必须重视种公羊的饲养管理。养殖公羊管理的重点是使公羊保持膘情良好、体质健壮、性欲旺盛，以及精液品质优良。公羊采取舍饲时，要注意保持活动场所较大。另外，夏季由于温度过高，会影响精液品质，此时要加强防暑降温工作，在夜间休息时要确保圈舍保持通风良好。公羊8月龄前不能够进行采精或者配种，当12月龄之后且体重在60kg左右时才能够用于配种。

（一）提供合理的日粮

根据种公羊体况和生产性能进行日粮合理搭配，要以保持结实健壮的体质和中等以上的种用体况为原则，以具有旺盛的性欲、良好的配种能力和良好的精液品质为目标。保证饲料的多样性、精粗饲料搭配合理性，保持较高的能量和蛋白质水平，同时满足维生素、矿物质的需要。种公羊的日粮应以青绿多汁饲料（胡萝卜等）、优质青干草、混合精料等搭配构成。精饲料的配制一般参考以下比例：玉米30%、豆饼20%、油饼10%、麸皮10%，其他谷食类27%、石粉1%、碳酸氢钙1%、食盐1%、适量的微量元素及维生素A、维生素D、维生素E。

1.配种期日粮

在配种期，体重80～90kg的种公羊每日需饲喂混合精料1.2～1.4kg，苜蓿干草或其他优质干草2kg，胡萝卜0.5～1.5kg，食盐15～20g。每日的饲草分2～3次供给，同时供给充足饮用水。配种高峰期可根据公羊精液品质和采精次数增喂鸡蛋2～4枚。

2.非配种期日粮

种公羊在配种期过后，虽然没有配种任务，仍然需要供给充足的营养，精料量一般不减。经过一段时间后再适量减少精料，逐渐过渡到非配种期饲喂量。种公羊在非配种期，除放牧外，每只可补喂1～1.5kg干草、2～3kg多汁饲料、0.6～0.8kg精料。

（二）科学管理

1.合理运动

种公羊应常年保持结实健壮的体质和中等以上的种用体况，以保证充沛的精力。种公羊过肥，则会出现运动迟缓、性欲低下、精子活率较低等现象，所以种公羊每天必须进行运动。每天放牧时间为 6～8 小时，距离为 8～10km（非配种期为 5km 左右）。种公羊的运动和放牧要求定时间、定距离、定速度。

2. 单独组群

为防止种公羊乱交乱配和提高种公羊体质、性欲，种公羊应单独组群饲养，远离母羊群。种公羊的放牧群一般以 30～50 只为宜，不得超过 80 只。

3. 严格执行免疫程序

要定期消毒、检疫、驱除体内外寄生虫，保证种公羊的健康。每年春、秋对种公羊进行两次健康检查，包括心肺检查、泌尿生殖系统检查、运动和皮肤检查等。每隔两个月进行特殊检查，包括阴囊、睾丸触诊检查，精液显微镜检查（白细胞、精子活力、精子密度）。配种前对血清样品进行布氏杆菌及绵羊布氏杆菌抗体进行血清学检疫。种羊场内所有羊群每年必须进行两次驱虫（4 月、10 月），两次药浴（6 月、9 月）和两次羊鼻蝇驱虫（6 月、9 月）。

4. 定期修蹄

放牧的种公羊蹄子易磨损，舍饲公羊由于运动较少易长变形。为保证公羊正常行走和配种，必须对种公羊每半年进行修蹄 1 次。

5. 科学利用

种公羊一般在 12～18 月龄达到体成熟才可以用来配种。对初配种公羊要进行调教，使其不怕人、性格温驯、听从指令。为保证配种的受胎率和公羊体质，羊群应保持合理的公母比例。3～6 周岁种公羊配种效果最好，在配种高峰期每天可配或采精 3～4 次，每次采精间隔为 1～2 小时，每星期至少安排两天进行休息。为保证精液良好的品质和较高的受胎率，要对种公羊进行每周 1 次的精液品质检查。对于精液外观异常或精子活力和密度达不到要求的种公羊，要暂停使用、查找原因、及时治疗。人工授精时，精子活率低于 0.7 时，不得用于输精。

（三）种公羊的饲养管理日程

1. 非配种阶段日程

非配种阶段，种公羊的日程可按表 3-1 安排。

表 3-1 非配种阶段日程安排

时间	项目
8：00—9：30	运动、放牧、饮水、早饲
10：00—13：00	采精
15：00—20：00	运动、放牧、饮水
20：00—21：00	晚饲、休息

2. 配种阶段日程

配种阶段，种公羊的日程可按表 3-2 安排。

表 3-2　配种阶段日程安排

时间	项目
7：00—8：30	运动、放牧、饮水、喂料（喂给日粮 1/2）
9：00—11：00	采精
13：00—14：00	运动
14：00—17：00	补饲、休息、采精
19：00—20：00	放牧、饮水
20：00—21：00	喂料（喂给日粮 1/2）

三、养殖母羊的日常管理

育成期的管理重点是满足母羊的营养需要，使其旺盛生长，并做好进行繁殖的物质准备。母羊需要饲喂大量的优质干草，促进其消化器官发育完善。要保持充足光照以及适当运动，使其食欲旺盛、心肺发达、体壮胸宽。育成母羊通常在 8～10 月龄且体重达到 40kg 或者超过成年体重的 65% 时可进行配种。但由于育成母羊发情不会像成年母羊一样明显和规律，因此必须加强发情鉴定，防止发生漏配。

（一）空怀母羊的饲养与管理

空怀母羊是指断乳后到配种受孕前这一阶段的母羊。空怀母羊已停止泌乳，其所需要的营养物质只需满足自身的正常生理代谢。这一时期的饲养和管理，主要任务是对空怀母羊恢复膘情，使其体格健壮，利于配种受孕。此阶段羊多数处于饲草丰茂时期，不补或少补精料，母羊都能健壮，但应抓紧时间放牧。舍饲的山羊，应提供充足的优质饲草，同时还应使其有足够的户外活动时间。

（二）妊娠母羊的饲养与管理

夏秋季节以新鲜树叶和草等青饲料为主，适度配合麸皮、玉米等精料；冬春季节以氨化饲料为主。饲料要定时定量，保证饲料不变质、无泥沙。

1. 妊娠前期的管理

妊娠前期是母羊妊娠后的前 3 个月。此期间胎儿发育较慢，饲养的主要任务是维护母羊处于配种时的体况，满足营养需要。怀孕前期母羊对粗饲料消化能力较强，可以用优质秸秆部分代替干草来饲喂，还应考虑补饲优质干草或青贮饲料等。日粮可由 50% 青绿草或青干草、40% 青贮或微贮、10% 精料组成。精料配方：玉米 84%、豆粕 15%、多维添加剂 1%，混合拌匀，每日喂给 1 次，每只 150g/ 次。

2. 妊娠后期的管理

在妊娠后期（2 个月内）胎儿生长快，90% 左右的初生重在此期完成，如果此期间母羊营养供应不足，就会带来一系列不良后果。首先要有足够的青干草，必须补给充足的营养添加剂，另外补给适量的食盐和钙、磷等矿物饲料。在妊娠前期的基础上，能量和可消化蛋白质分别提高 20%～30% 和 40%～60%。日粮的精料比例提高到 20%，产前 6 周为 25%～30%，而在产前 1 周要适当减少精料用量，以免胎儿体重过大而造成难产。此期的精料配方：玉米 74%、豆粕 25%、多维添加剂 1%，混合拌匀，早晚各 1 次，每只 150g/ 次。

3. 妊娠期的管理

妊娠期的管理应围绕保胎来考虑，做到细心周到，喂饲料饮水时防止拥挤和滑倒，不打、不惊吓。增加母羊户外活动时间，干草或鲜草用草架投给。产前 1 个月，应把母羊从群中分隔开单放一圈。产前 1 周左右，夜间应将母羊放于待产圈中饲养和护理。每天饲喂 4 次，先喂粗饲料，后喂精饲料；先喂适口性差的饲料，后喂适口性好的饲料。饲槽内吃剩的饲料，下次饲喂前一定要清除干净，避免发酵生菌，引起羊的肠道病而造成流产。严禁喂发霉、腐败、变质的饲料，不饮冰冻水。保证妊娠期母羊的饮水次数不少于 3 次 / 日，最好是经常保持槽内有水让其自由饮用。总之，良好的管理是保羔的最好措施。

（三）哺乳期母羊的饲养管理

哺乳期前 2 个月，羊羔的营养需求主要依赖羊乳。羊乳充足、量多，羊羔体质好，生长发育快，抗病力强，成活率就高。为此要积极提高哺乳前期母羊的饲养管理水平，促使母羊多泌乳。哺乳前期仅靠放牧不能满足母羊泌乳的要求，所以必须添加草料。添加量要结合母羊情况和哺乳的羊羔数量确定。母羊产双羔每天补精料 0.6kg、多汁饲料 2kg、干草 1kg，母羊产单羔每天补精料 0.4kg、多汁饲料 2kg、青干草 2kg。

（四）哺乳母羊的饲养与管理

1. 母羊产羔后的饲养管理

一般羔羊的哺乳期为 2 ~ 3 个月，在前 2 个月，羔羊以乳为主食，可适当补食一定量的青干草和精料。2 ~ 3 月龄断乳后，将逐步过渡到以食草为主。此阶段母羊的饲养主要是保证母羊有高的产奶量和维持母体健康。

在产后 1 个月内，由于妊娠和生产，母羊体质较弱、体力消耗大、消化机能差，日粮应以优质青干草为主，适当喂少量青草和多汁饲料，每日补喂 3 ~ 4 次加入麸皮和食盐的饮水，冬季饮喂温水。

羊产后 20 天左右，产乳量增加，羔羊的日增重更快，产奶量满足不了羔羊的生长，故除应给母羊喂充足的青饲料外，每日还应喂 0.4 ~ 0.5kg 的精料。同时给羔羊补喂精料，出现软粪时可能精料过多，可适当减少喂量。建议此时驱虫 1 次。

母羊产羔后第 2 个月为泌乳高峰，故需消耗大量的营养物质，母羊体重减轻、膘情下降，这种情况维持到产后第 4 个月，此时应特别注意饲喂富含蛋白质营养的日粮，以防母羊过度消瘦和营养不良。除保证供给母羊青干草、鲜青草和多汁饲料及清洁饮水外，还应补足混合精料 1.5 ~ 0.3kg，舍饲时每日应有户外运动数小时。断奶后，泌乳消耗减少，大多数母羊仍处于牧草丰茂时期，但也应根据母羊的营养恢复情况，先补喂一段时间精料，然后逐步减少到停喂精料。

2. 羊羔早吃初乳早断奶

初乳包含的免疫成分和营养物质的量比常乳高许多，对羊羔一生的健康体质都有重大影响。为此，羊羔出生后的 1 小时内就应当吃到初乳。羊羔吃上营养全面的初乳有利于羊羔排出胎便、促进胃肠蠕动，并促使羊羔体内产生免疫力。因为新生羊羔一次吸乳量很少，间隔 2 ~ 3 小时应喂乳一次。生双羔的母羊，应同时让两羊羔进前哺乳。母羊产后饮盐水麸皮汤，同时把母羊乳房周围的长毛剪掉，用消毒液擦洗乳房，挤出一些乳汁，然后帮助羔羊及早吃到初乳。羊羔多采取双月龄断奶。羔羊 16 ~ 20 日龄开始采取科学补饲，每只每天补喂混合精料 40 ~ 50g；30 日龄补喂混合精料 80 ~ 100g，优质青干草 120 ~ 150g；50 日龄后以青粗饲料为主，适当补喂混合饲料。精心饲养，羔羊可提早 12 ~ 15 天断奶。

（五）种母羊的管理要点

1. 提供充足且清洁的饮水

母羊在产前产后易口渴，尤其是在产后，经过长时间的分娩，会损失大量的体液，而且母羊乳汁中的大部分都是水分，特别是在高温季节，母羊的需水量更大。因此要给母羊提供充足且不间断的饮水。如果母羊的饮水不足会表现出烦躁不安，甚至会出现泌乳停止的现象。另外，在饲喂母羊高营养物质时，也要增加水的供应量。

2. 保持圈舍内适宜的温度和湿度。

温度对母羊的影响较大，温度过高过低都会对母羊的繁殖性能造成不利的影响，当圈舍内温度高于 25℃时，会引起母羊食欲下降，从而使营养物质的摄入量减少，从而影响胚胎的发育。因此要做好夏季的防暑降温以及冬季的御寒保暖工作；保持圈舍内干燥，勤换垫草，在潮湿的季节，可以在地上撒石灰吸潮。

3. 保持环境安静。

母羊胆小，尤其是在分娩、哺乳和配种的特殊生理阶段，如果环境噪声太大，或受到惊吓，有可能会流产，因此，要注意保持羊场环境安静。

4. 合理的配种繁殖

进行科学合理的配种繁殖可以提高母羊的繁殖性能。配种时正确使用人工授精技术，可能提高配种受胎率及羔羊的成活率。掌握初配母羊适宜的配种时间，做好母羊的发情鉴定工作。要根据母羊的品种、饲养管理条件以及母羊的体况来确定配种时间，并规范操作。在母羊留种时，要选择外形好、产仔多、泌乳性能和母性好的母羊参配，但要注意避免发生近亲繁殖的现象。另外，要及时淘汰繁殖性能不好的母羊。

5. 做好羊舍卫生

搞好栏舍卫生，加强日常管理是确保妊娠母羊正常生长发育和保证胎儿出生成活率的重要保障。保证圈舍清洁卫生、干燥保暖，圈舍勤垫草、勤换草、勤打扫、勤除粪。

（六）每个季节的饲养管理要点

1. 春季管理

早春季节气候较寒冷，此时要注意防寒保温，对体质较差的山羊更应注意。山羊经过严酷的冬季，放牧的羊只膘情差、乏羊多，产冬羔的母羊正值哺乳期，产春羔的母羊处于怀孕后期或刚分娩，需要获取更多的营养。再则春季气候极不稳定，变化很大，这一时期更应该在抓好放牧工作的同时加强补饲，保证羊安全度春。春季牧草萌发要注意放牧羊群从枯草场向青草场的逐步过渡，放牧时要控制好羊群的前进速度，防止"跑青"造成的羔羊更乏、死亡增加。对整个羊群进行一次投药驱体内寄生虫，对驱虫后的粪尿集中发酵处理。

2. 夏季管理。

夏季牧草丰茂，昼长夜短，正是抓膘的好季节。但夏季气温较高，所以在放牧时要早出晚归，中午选择阴凉处让羊休息，放牧和休息时要尽量防止羊群"扎窝"造成的死亡和大量贪食鲜苜蓿引起的腹胀，放牧时应尽量保证每天 2 次以上的饮水。要注意驱除羊体表的各种寄生虫。

3. 秋季管理。

秋季气候逐渐凉爽，牧草结籽，营养价值高，这一阶段应加强放牧，同时在夜间适当补料补草。秋季是抓好秋膘的黄金时节，给羊越冬度春打下良好的生理基础。但秋季短促，气候转冷较快，此时又是秋季种羊配种时间，要尽量延长每天的放牧时间，做到抓膘、配种两不误。在农区和半农半牧区放牧时，需要防止羊进入没有收割的粮食地大量采食粮食而引起瘤胃积食造成死亡。对整个羊群进行 1 次投药驱体内寄生虫，对驱虫后的粪尿集中发酵处理。

4. 越冬期的饲养与管理。

冬季天气寒冷，牧草枯萎，山羊采食难饱，但此时又是母羊妊娠、产羔时期，也是育成羊经历的第一个不良环境期，故越冬期羊的饲养管理的重点是保胎、保膘和保畜。在立秋前应集中力量选择生长良好的牧草地进行收草，然后进行青贮或晒制成青干草，同时将农作物的秸秆、秕壳、豆类等副产品收集起来，每只羊至少备足 80kg，以防雨雪天不能放牧时，作为山羊的粗饲料来饲喂。

冬季虽然牧草都已枯萎，但低洼地也有些青草供羊放牧时采食，所以应尽量利用这些牧草资源。同时放牧还能锻炼山羊，增强其体质，但放牧应选择背风向阳的地方。放牧的时间应采取晚放牧、早收牧的放牧时间制度。除了放牧外还要根据气候、饲草情况进行补饲。如果不能放牧，则只能靠补饲，此时除应注意给山羊补充足够的粗料外，还要补充适当的混合精料。山羊虽然是耐寒的家畜，但如果冬季过分寒冷，或者在羊舍内受到贼风侵袭，羊只必将消耗大量体热从而影响生长发育，羔羊则更易引发疾病而死亡。因此要有越冬房以供产羔和羔羊之用。在越冬前，要对羊舍进行整修，彻底清除羊粪，形成"顶不漏雨，壁不透风，清洁干净"的栏舍环境。

四、羊的日常生殖管理

（一）选种

1. 个体选择

个体表型值的高低通过个体品质鉴定和生产性能测定的结果来衡量。绵山羊个体品质鉴定的内容和项目，随着品种的生产方向不同而有不同侧重。其基本原则是以影响品种代表性产品的重要经济性状为主要依据进行鉴定。具体来讲，细毛羊以毛用性状为主，肉羊以肉用性状为主，羔裘皮羊以羔裘皮品质为主，奶用羊以产奶性状为主，毛绒山羊则以毛绒产量和质量为主。

2. 系谱选择

在羊的生产实践中，常常通过系谱审查来掌握被选个体的育种价值。根据系谱选择，主要考虑影响最大的是亲代即父母代的影响。血缘关系越远，对子代的影响越小，因此，一般对祖父母代以上的祖先资料很少考虑。

3. 同胞测定

根据个体半同胞表型值进行选择，是利用同父异母的半同胞表型资料来估算被选个体的育种值而进行的选择。

4. 后裔测定原则

① 被测得公羊须经表型选择、系谱审查以及半同胞旁系选择后，认为最优秀的并准备以后要大量使用的公羊，年龄 1.5 ~ 2 岁。

② 与配母羊品质整齐、优良，最好是一级母羊或准备以后要配的母羊，年龄 2 ~ 4 岁。

③ 每只被测公羊的与配母羊数在细毛羊、半细毛羊、绒山羊上要求为 60 ~ 70 只，以所产后代到周岁鉴定时不少于 30 只母羊为宜；裘羔皮羊上配 30 ~ 50 只母羊即可；配种时间尽可能一致。

④ 后代出生以后应与母羊同群饲养管理，同时对不同公羊的后代，也尽可能在同样或相似的环境中管理，以排除环境因素造成的差异。

（二）配种

1. 自由交配

自由交配是按一定公母比例，将公羊和母羊同群放牧饲养，一般公母比为 1 :（15 ~ 20），最多 1 : 30。母羊发情时便与同群的公羊自由进行交配。

2. 人工辅助交配

人工辅助交配是平时将公母羊分开放牧饲养，经鉴定把发情母羊从羊群中选出来和选定的公羊交配。人工辅助交配需要对母羊进行发情鉴定、试情和牵引公羊等，花费的人力物力较多，在牧区不易采用；对安静发情或发情症状不明显的母羊易造成漏配。

3. 羊的人工授精

人工授精是用人工采集公羊的精液，经一系列检查处理后，再注入发情母羊的生殖道内使其受胎的方法。采用人工授精技术，一只优秀公羊在一个繁殖季节里可配 300 ~ 500 只母羊，有的可达 1 000 只以上，对羊群的遗传改良起着非常重要的作用。人工授精的主要技术环节有采精，精液品质检查，精液的稀释、保存和适时输精。

（1）采精

① 制备假阴道。假阴道由外壳、内胎、漏斗、集精杯等安装组成。这一装置要保持引起公羊射精的适宜温度、压力和滑润感；温度由灌注 50 ~ 55℃ 的温水调节，采精时应接近 45℃。压力可借注入的水量和吹入的空气调整。然后用消毒过的玻璃棒沾上凡士林均匀地涂抹假阴道内胎的一半，以增加润滑度。制备假阴道应注意，凡是和精液可能接触的器械器皿均应消毒处理，使用前用消毒生理盐水再冲洗一遍。

② 台畜和诱情程序。羊的台畜一般为活畜，如发情母羊或去势公羊等。将台畜拴系

在稳固的地方，以防公羊跌倒。经过训练调教的公羊一到采精现场，因条件反射便有性欲表现，但不要急于让其爬跨台畜，应适当诱情，如绕台畜转几圈等方法，让公羊在采精前有充分的性冲动，从而提高精液的质量和数量。

③ 采精。采精员位于台畜右侧，右手持假阴道与台畜平行，和公羊阴茎伸出的方向倾斜度一致。在公羊爬跨台畜向前作"冲跃"动作时，采精员左手四指并拢握住包皮，将阴茎导入假阴道内，切不可抓握阴茎伸出的部分，否则会刺激阴茎立即缩回或进入假阴道前射精。公羊爬跨迅速，射精也快，采精员应注意配合公羊的动作。待射精完毕，立即将集精杯一端竖直向下，先放去假阴道内胎的气，然后取下集精杯，送往精液处理室做精液品质检查。

④ 采精频率。在配种季节，公羊每天可采精 2 ~ 3 次，每周采精可达 25 次之多。但每周应让其休息 1 ~ 2 天。

（2）精液品质检查

采出的精液要检查色泽、气味、云雾状、射精量、精子活力和密度等。

① 色泽和气味。正常的精液应为白色或淡黄色，无味或略带腥味。凡呈红褐色、绿色并有臭味的精液不能用于输精。含有大块凝固物质的精液也不能使用。

② 云雾状。肉眼观看刚采集的精液，密度大、活力高的精液呈翻腾滚动的云雾状态。

③ 射精量。羊的射精量为 0.5 ~ 2.0mL，一般为 1mL。每毫升精液中精子的数量为 20 亿 ~ 30 亿。

④ 活力。精液中前进运动精子的百分数，是评定精液品质的重要指标。10% 呈直线前进的活力为 0.1；20% 呈直线前进的活力为 0.2。以此类推，1 分为满分，80% 以上精子呈直线运动（活力为 0.8）的可用于输精。

⑤ 密度检查。精子的密度，常用三级评定：密集的精子充满显微镜整个视野，精子之间几乎无空隙或空隙小于一个精子的长度，看不出单个精子活动情况的为"密"；精子间相互距离有 1 ~ 2 个精子的长度，能看清单个精子活动的为"中"；视野中只有少量精子，且相互距离很大的为"稀"。密度在中等以上的才能用于输精。

（3）精液的稀释和保存

羊的精子在体外不能长久存活，低温保存 24 小时后精子活力与受精能力显著下降。为延长精液保存时间，应及时将采得的精液用良好的稀释液进行稀释。

① 稀释液的作用。为精子存活提供新的养分和能量；提供缓冲剂，防止乳酸形成过程中 pH 值变化对精子的危害；维持精液正常的渗透压和电解平衡；抑制细菌生长；防止迅速冷却对精子的活力和受精能力产生影响。另外，稀释精液可大大增加精液量，以便扩大授精母羊数，这对发挥优秀种公羊的作用、改良羊群品质是非常有利的。

② 稀释液的配制。常用于绵羊、山羊精液稀释的基础稀释液配制时都应无菌操作，一般每次制作不要超过一周的用量。羊的精液如在采精后数小时内使用，一般不用稀释或只用鲜奶稀释较为方便。鲜牛奶或羊奶应经 92 ~ 95℃、8 ~ 15 分钟加热消毒，或用 9g 奶粉加 100mL 蒸馏水溶解后作为稀释液。根据精液品质和精子密度，稀释的倍数以 1 ~ 3

倍为好。

③ 精液的保存和运输。为抑制精子的活动，降低代谢和能量消耗，一般都采用低温（0～5℃）保存。低温下，精子的存活时间比常温条件下显著延长。但是低温对精子的冷刺激易造成不可逆转的休克现象，因此除了在稀释液中添加卵黄、奶类、甘油等保护物质外，还应注意降温的速度。降温以每分钟下降 0.2℃ 左右为好，降温过程一般需 1～2 小时。温度降至室温时即可用小管或小瓶进行分装。由于羊的输精量小，通常可按 10～20 个输精剂量分装。分装后用塑料袋包裹防水，置于广口瓶中在低温的环境下保存，保存期间应尽量恒温。在精液运送至输精现场的途中，要继续维持低温，注意避光，尽量减少震荡和碰撞。分装的小管和小瓶应装满，这样可以减少摇晃。运输包装应严密、防潮，同时应附有公羊品种编号、采精日期、精液剂量、稀释液种类、稀释倍数、精子活力、密度等详细说明。

（4）输精

输精是在母羊发情期的适当时期，用输精器械将精液送进母羊生殖道的操作过程，它是人工授精的最后一个技术环节，也是保证较高配怀率的关键。输精的准备工作和步骤如下。

① 输精器材的准备。输精器材主要有玻璃输精器、开膛器、输精细管等。输精器械应置于高温干燥箱内消毒；开膛器洗净后可在消毒液中消毒；输精细管可用酒精消毒。所有器械在使用前均需用消毒的稀释液冲洗 2～3 遍。

② 母羊的准备。要接受输精的母羊，均应进行发情鉴定，以确定最适的输精时间。羊的适宜输精时间是发情后 18～24 小时。同时对母羊要实施一定的保定。羊较温驯，易于保定。

③ 精液的准备。常温或低温保存的精液，需要升温到 35℃ 左右，并再次镜检活力和精液品质，确保精液符合要求后再将之装入输精管内。

④ 输精方法。一是开膛器输精。用开膛器将待配母羊的阴道扩开，借助手电光寻找子宫颈，然后把输精注射器的导管插进子宫颈口深 0.5～1.0cm 处将精液注射在子宫颈内。二是细管输精。分装好精液的塑料细管两端是密封的，输精时先剪开一端，由于空气的压力，管内的精液不会外流。将剪开的一端缓慢地插入阴道内约 15cm，再将细管的另一端剪开，细管内的精液便自动流入母羊阴道内。使用这种方法输精，母羊的后躯应抬高或将母羊倒提，以防止精液倒流。输精剂量一般为 0.2～0.3mL，高倍（3～4 倍）稀释的精液应适当加大输精量。输精的有效精子数应保证在 0.5 亿以上。如是冻精，剂量应适当增加，有效精子数保证在 0.7 亿以上。

⑤ 输精次数。一般为 1～2 次，重复输精的间隔时间为 8～10 小时。

4. 提高受胎率的关键技术

要想提高人工授精的受胎率，应注意以下关键技术。

（1）公羊的选择及精液品质的鉴定

为了提高配怀率，对有生殖缺陷（单睾、隐睾或睾丸形状不正常）的公羊一经发现应立即淘汰。还应避免一些公羊暂时性不育的情况，如公羊经过长途运输后会有暂时的不育；夏秋季气温过高，公羊性欲会变弱，精液品质下降，也能造成暂时性不育。通过精液品质检查，根据精子活力、正常精子的百分率、精子密度等判定公羊能否参加配种。

（2）母羊的发情鉴定及适时输精

羊人工授精的最佳时间是发情后 18～24 小时。因这时子宫颈口开张，容易做到子宫颈内输精。一般可根据阴道流出的黏液来判定发情的早晚：黏液呈透明黏稠状即是发情开始；颜色为白色即到发情中期；如已混浊，呈不透明的黏胶状，即是到了发情晚期，是输精的最佳时期。但一般母羊发情的开始时间很难判定。根据母羊发情晚期排卵的规律，可以采取早晚两次试情的方法选择发情母羊。早晨选出的母羊到下午输一次精，第二天早上再重复输一次精；晚上选出的母羊到第二天早上第一次输精，下午重复输一次精，这样可以大大提高受胎率。

（3）严格执行人工授精操作规程

人工授精从采精、精液处理到适时输精，都是一环扣一环的，任何一环掌握不好均会影响受胎率。如由于清洗消毒工作不严格，不但影响配怀率，还可能引起生殖器官疾病。所以配种员应严格遵守人工授精操作规程，提高操作质量，才能有效地提高受胎率。

第二节　羊的疾病预防与治疗分析

羊的饲养在我国畜牧养殖产业当中属于较为重要的一个部分，在实际的饲养过程中，如果羊体力较强，具备较好的自身素质，其患病的概率往往较低。但是对于大规模饲养的羊群，如果羊群抵抗力降低，一旦一只羊患病往往会导致疫病的蔓延。因而，做好羊病的预防以及治疗工作尤为重要。

一、羊的常见疾病及诊断

（一）羊快疫

羊快疫属于急性传染病的一种，此病通常发生在阴雨连绵的秋冬季节，绵羊更易感染。

1. 病因分析

在自然界中，腐败梭菌比较常见，能够在粪便、土壤等上附着，特别是在比较潮湿的地方数量更多。腐败梭菌未进入宿主机体之前，一般以芽孢体的形态存在。由于该菌广泛分布，非常容易污染羊群的饮水和饲料，当羊食入污染病菌的饮水或者饲料后，以芽孢体形态存在的腐败梭菌就会经由消化道侵入机体。

有些养羊户采取放牧饲养，部分甚至将羊群置于低洼地区进行放牧，当羊群采食污染病菌的枯草后就会发生羊快疫。有些羊在感染腐败梭菌后不会发病，病菌在机体消化道内寄生，在其抵抗力下降时腐败梭菌就会趁机大量繁殖，分泌大量外毒素，从而导致消化道黏膜发炎，甚至发生坏死。

另外，这些外毒素可通过消化道侵入血液循环系统，接着对中枢神经产生刺激，使机体发生中毒性休克，如果病羊没有在第一时间进行治疗，就会快速死亡。

2. 临床症状

（1）最急性型

羊突然出现发病，快速死亡，不会有明显的潜伏时间，往往在放牧过程中或者在牧场上发生死亡，有些会在早晨发现死于圈舍内。病程持续时间略长时，病羊机体过于衰竭，食欲突然废绝，停止反刍、磨牙，伴有腹痛，发出痛苦呻吟，站立时分开四肢，后躯摇摆，呼吸困难，有混杂泡沫的液体从口鼻流出，倒地后不断痉挛，四肢呈游泳状划动，角弓反张，快速发生死亡。

（2）急性型

病羊发病初期表现出精神沉郁、食欲不振、走动不稳、排粪不畅，有时发生腹泻，初始排出黄色粪便，后期排出黑绿色粪便，有时伴有鼓气，造成腹部明显臌胀，出现疝痛症状，卧地不起，眼结膜充血，呼吸急促，流涎增多，伴有呻吟。部分病羊的体温明显升高，可达到 40 ~ 41.5℃；部分体温正常，呼吸困难，较快发生死亡。主要呈散发，死亡率高。

3. 诊断

该病的特征是发病急，给诊断病症造成较大的困难。因此在该病实际诊断时，不仅要在充分考虑其流行病学和病羊解剖学特征的基础上进行初步判断，还要做好相关的病原学检查。

（1）实验室诊断

① 病羊染色镜检。在无菌条件下，取病死羊肠内容物进行涂片、染色、镜检，不仅能够比较清晰地发现单个散在或者以链状排列的细菌（菌体两端钝圆），还能够发现一些没有关节的长丝状菌体。

② 细菌分离培养。在无菌条件下，取病死羊肠内容物，接种于葡萄糖鲜血琼脂平板上，置于 37℃厌氧条件下进行培养，并对其进行观察，可见平板上长出边缘并不是非常整齐的菌落，且出现一定的溶血情况。挑取单个细菌落进行纯培养，接着将其在厌氧肉肝汤中接种，置于 37℃条件下培养 24 小时，可见肉汤浑浊，且试管底部存在较多的白色沉淀物，并散发腐败气味。

③ 生化试验。取病菌纯培养物进行生化试验，可见该菌经过一段时间的发酵处理就会形成葡萄糖和麦芽糖等。

（2）鉴别诊断

① 与羊炭疽的区别。该病的症状类似于羊炭疽疾病，因此需要进行鉴别诊断，以准确进行治疗。羊快疫和羊炭疽会导致病羊出现相似的变化，但腐败梭菌与炭疽杆菌在细菌形态方面存在较大差别，通过涂片、染色、镜检即可进行区分。

② 与羊肠毒血症的区别。羊快疫和羊肠毒血症的临床症状也比较相似，在实际诊断时需要根据发病时间、特征症状以及血糖、尿糖升高情况进行区分。

（二）传染性脓疱病

羊的传染性脓疱病也叫作口疮，在 3 ~ 6 月龄的羔羊身上较为常见，成年羊也一样会受到感染。如果羊群中有病羊或带毒羊的出现，应及时将其和健康羊群充分隔离。

1. 流行病学

（1）病原体

羊传染性脓疱病毒是引起羊传染性脓疱病的病原体。该病毒具有非常强抵抗外界环境的能力，如存在于干痂中的病毒在阳光照射 30 ~ 60 天后才会失活，在地面散落的病毒能够安全越冬，在次年春季依旧具有传染性。

（2）易感动物

该病在全世界养羊地区都能够发生，且全年任何季节都能够发生，其中春夏季节最易发病。主要是羔羊容易感染发病，而成年羊的发病率相对较低。如果病羊出现继发感染，病死率可达到 20% ~ 50% 不等。

另外，羚羊、大角绵羊、美洲山羊、麝牛、骆驼、驯鹿、猴子、犬也能够感染该病毒。牛、家兔能够通过人工感染发病，其中牛以舌背接种方式接种，家兔以口唇划痕方式接种，而如小白鼠、大白鼠、豚鼠、鸽子、鸡、猪、猫等其他实验动物对人工感染都没有反应。

此外，人也能够感染羊传染性脓疱病毒，发生口疮。主要是经常接触病羊的人、畜牧兽医人员、皮毛处理工人以及屠宰工人等易发。

（3）传染源及传播途径

病羊和带毒动物是该病主要的传染源。病羊皮肤和黏膜的脓疱中存在病毒，主要传播媒介是病羊的皮毛及其接触过的用具、饮水以及饲料等，健康羊经由皮肤和黏膜损伤感染病毒，从而发病。

（4）发生原因

圈舍阴冷潮湿、羊群饲喂质地尖硬或者带芒刺的饲草以及羔羊出牙时，都能够引发该病。一般来说，草料品质较差、营养水平低，母羊瘦弱、泌乳量少，都容易导致羔羊体质虚弱，感染病毒的概率会升高。圈舍光照不足、通风不良，羔羊也容易感染该病。育羔舍和产房的饲养密度过大，相互拥挤而密切接触，从而容易出现发病。

2. 临床症状

（1）唇型

病羊精神萎靡，低头，食欲不振，体形消瘦，眼内产生较多的分泌物。发病初期，大部分病羊唇部和口腔内出现水疱或者脓疱，其中后者呈暗黄色，几天之后会发生破溃、变硬，在唇上变成丘疹或者形成疣状硬痂，口腔内出现疱疹或者溃疡。有时齿龈也出现疱疹，舌面上存在疱疹或者溃疡。部分病羊因口腔疼痛，而无法正常采食。有时病羊鼻镜上出现溃疡，表明症状比较严重。

（2）蹄型

基本上只有绵羊发生，往往单蹄感染，并逐渐扩散至整个蹄端。蹄冠、蹄叉以及系部皮肤上存在丘疹、水疱、脓疱，破裂后变成溃疡，如果继发感染细菌就会发生腐蹄病。

另外，也可在乳房、肝脏以及肺脏中出现转移性病灶，严重时病羊会由于极度衰弱或者败血症而死。

（3）外阴型

母羊患病后，阴唇发生肿胀，周围皮肤出现溃疡，并排出黏性或脓性阴道分泌物，乳头或者乳房皮肤上出现脓疱、溃疡以及痂垢。

公羊患病后，阴茎上出现小脓疱和溃疡，阴囊鞘发生肿胀。一般来说，单纯感染外阴型的病原基本不会发生死亡。

3.鉴别诊断

（1）与羊痘的鉴别

典型的羊痘病羊通常不会形成水疱，往往在少毛或者无毛皮肤部位发生病变，先是出现红斑，然后逐渐发展为丘疹，并发生坏死，干燥、结痂后自行脱落。羊痘如果继发感染化脓菌才会出现脓疱或者溃疡，类似于患有传染性脓疱病症状严重的病羊，易混淆。因此，诊断时要仔细观察，羊痘形成的痘疹形状规则，呈圆形，往往不会相互交融，而传染性脓疱病形成的脓疱痂垢被剥离后，可见糜烂面且彼此交融。

另外，羊感染羊痘后，也可在有毛丛的皮肤处（如头部、腹部和背部）发生病变，这也是与传染性脓疱病进行鉴别的一个重要依据。

（2）与溃疡性皮炎的鉴别

羊发生溃疡性皮炎后，会破坏组织，并出现溃烂，且往往是大于1岁的成年羊易发，通过实验室镜检能够发现绿脓杆菌等细菌。

（三）痘病

痘病具有一段时间的潜伏期，一般为6~8天。患病初期，病羊鼻孔有闭塞的现象，呼吸急促，部分山羊眼睑出现肿胀的现象，体温较高，可达41℃左右。痘病与人类出"天花"较类似，在羊体无毛或者少毛部位的皮肤黏膜出现痘疹。痘病绝大部分出现在冬末与初春时，给养羊业带来较大的不利影响。羊痘传染途径为接触性感染，包括人、车子、牧草、饲料、土壤、器具等，碰过羊痘病菌的任何物品，都可能成为媒介。而且羊感染后，如治疗不及时或不得当，死亡率相当高，为50%~80%。

1.羊痘病病因分析

羊痘病的病因有很多，常见的有饲养管理不当、季节影响、疫苗失效、感染寄生虫等。饲养不当往往是因为羊舍卫生较差、饲养密度大，粪便没有及时清理，导致细菌滋生而使羊发病，发病后又不及时对病羊进行隔绝处理，导致病情迅速蔓延。羊痘病毒有较强的抗干燥和抗寒冷力，所以冬季和初春季是羊痘病的高发期。养殖场为预防羊痘病发生，通常会给羊注射疫苗，但是疫苗如果储存和使用不当，会使疫苗失效，从而使羊易感染此病。某些寄生虫会携带羊痘病毒，如果没有及时驱虫，会使羊的抵抗力减弱，易感染此病。

2.羊痘病的临场表现

（1）绵羊痘

病羊体温升高达41~42℃，结膜眼睑红肿，呼吸和脉搏加快，鼻流出黏液，食欲丧失，弓背站立，经 1 ～ 2 天后出现痘疹。痘疹多见于皮肤无毛或少毛处，先出现红斑，后变成丘疹再逐渐形成水疱，最后变成脓疱，脓疱破溃后，若无继发感染逐渐干燥，形成痂皮，经 2 ～ 3 周痊愈。发生在舌和齿龈的痘疹往往形成溃疡。有的羊咽喉、支气管、肺脏和前胃或真胃黏膜上发生痘疹时，病羊因继发细菌或病毒感染，而死于败血症。有的病羊见痘疹内出血，呈黑色痘。还有的病例痘疹发生化脓和坏疽，形成深层溃疡，发出恶臭，病死率高达 20% 甚至 50% 以上。

（2）山羊痘

病羊发热，体温升高达 40 ～ 42℃，精神不振，食欲减退或不食，在尾根、乳房、阴唇、尾内肛门的周围、阴囊及四肢内侧，均可发生痘疹，有时痘疹还出现在头部、腹部及背部的毛丛中。痘疹大小不等，呈圆形红色结节、丘疹，迅速形成水疱、脓疱及痂皮，经 3 ～ 4 周痂皮脱落。

3. 辅助检查

组织病理：表皮内有明显的细胞内及细胞间水肿、空泡及气球样变性，真皮有密集的细胞浸润，中央主要是组织细胞和巨噬细胞，周围有淋巴细胞和浆细胞，很少见多形核白细胞浸润。整个损害部位有许多内皮细胞增生和肿胀的小血管。在真皮血管内皮细胞的胞浆里可以见到嗜酸性包涵体。

（四）瘤胃积食

瘤胃积食主要是因羊吃得过多，食料堆积在胃里没有消化导致的。

1. 病因分析

（1）饲料因素

羊一次性采食大量粗纤维含量高的饲料，瘤胃微生物不能够及时使其分解，容易出现滞留而引起积食。如谷物秸秆、紫云英、老苜蓿、红薯秧、花生秧等，都是引起瘤胃积食的常见饲料，特别是半干不湿状态的红薯秧和花生秧韧度非常大，较难粉碎，在瘤胃中很难发生断裂，往往会相互缠绕而引起堵塞，加之其自身的韧性也导致瘤胃微生物不能使其彻底分解，最容易出现积食。

另外，饲喂大量麸皮、豆渣、DDGS（酒糟蛋白饲料），或者某些膨胀性饲料时，也可引起瘤胃积食。

（2）管理因素

除饲料因素外，羊群缺少运动、饮水不足也可引起瘤胃积食。在临床生产中，往往是羊群从放牧突然变成舍饲，由于运动量骤然减少，加之舍饲通常混合饲喂一些精料的饲料，使其出现贪食，从而比较容易发病。

（3）继发因素

羊患有某些消化道疾病，如肠道溃疡、肠道堵塞、皱胃炎、创伤性网胃炎等疾病，如果没有及时进行治疗，则容易继发引起瘤胃积食。

2. 发病机理

羊是一种反刍动物，与单胃动物的消化方式有所不同，进入其消化系统的草料不会被直接消化吸收，而是在瘤胃微生物（如原虫、真菌、细菌等）的作用下发生分解，生成的代谢产物（如有机酸等）会被机体吸收利用，导致整个瘤胃如同一个发酵罐。当羊一次性采食过多粗纤维类饲料，超过瘤胃微生物消化能力的上限，或者其他原因造成瘤胃液理化特征发生改变，使微生物分解机能减弱时，就会导致瘤胃中不断积累饲料，引起瘤胃局部神经—体液调节功能失调，蠕动缓慢，局部发生扩张。积食达到某种程度后就会使瘤胃的黏膜感受器受到压迫，抑制神经功能，促使病情进一步加重。

3.临床症状

羊由于采食大量精料或者偷食谷类易膨胀饲料而出现发病，会在几小时后就表现出不适。病羊表现为食欲不振并逐渐废绝，反刍减少并逐渐停止，并伴有呻吟、磨牙，嗳气散发酸臭味，有时会出现流涎或者空嚼，少数还会发生呕吐；神情不安，回头望腹，低头拱腰，四肢张开或者集于腹下，不断摇尾，左肷充盈，腹围膨大。瘤胃触诊时，病羊会感到疼痛，腹壁变得紧张，可摸到面团状或者坚硬的内容物，用拳按压遗留痕迹。瘤胃蠕动音初期增强，之后逐渐减弱，最终完全消失。瘤胃积滞不同的饲料，叩诊则会发出不同的音响。如由多汁饲料或者易膨胀饲料而引起发病，叩诊发出半浊音；由干涸饲料引起发病，会发出浊音。症状加重时，病羊表现出结膜发绀、呼吸困难、脉搏增数，如果没有并发症则体温基本正常。

羊由于采食大量豆谷精料而引起发病，往往呈急性，主要表现出中枢神经兴奋性增强，视力减弱，侧卧在地，还会出现脱水和酸中毒症状。

4.鉴别诊断

（1）羊瘤胃膨气

主要是由于短时间内采食过多易于发酵产气的饲料而引起发病，如红薯秧、豆科类牧草等，发病较急，病程持续时间较短。主要症状是腹部明显膨大，用手触摸膨大处依旧有弹性，轻轻敲击可听到鼓音，用手轻轻按压不会产生明显疼痛，且按压后不会出现指压痕，穿刺瘤胃会有大量气体被放出。

（2）羊前胃弛缓

发病比较缓慢，主要症状是体温升高至38℃左右，眼球凹陷，无力反刍，嗳气增多，瘤胃蠕动音开始时增强，之后逐渐减弱，排出糊状的褐色粪便。

（3）羊创伤性网胃炎

主要是由于食入存在杂质或者金属物的饲料，导致网胃黏膜发生损伤而出现发病。病羊体温明显升高，往往可超过40℃，站立时肘头外展，走动姿势异常，拒绝卧地，且卧地后拒绝站起。站立时，会先用前肢着地，接着后肢再慢慢站起，使用常规的促瘤胃蠕动药物没有治疗效果。

二、羊疾病的预防措施

羊患病后不仅要接受及时的治疗，人们还需要在日常养殖中采取有效的预防羊病的措施。

（一）加大检疫监测力度

在检测羊或羊产品疫病的过程中，必须实施有效的检测方法，避免疫病的出现与传播。从最开始的生产直至出售的整个环节中，均必须对运输、入场以及屠宰等方面进行检疫。在开展检疫工作的过程中，入场检疫是最重要的一个环节，也是其他相关检疫工作的根本前提。羊在进入羊场的过程中，应该通过非疫区进到羊场，避免把疾病传到其他健康羊身上，本地区的兽医检疫部门应该对羊实施系统的检疫，并在检疫合格后给予合格证书，只有这样，羊才能进入羊场。定期对羊实施检疫，如果产生疾病的症状，需要及时把此羊隔离，并对其实施消毒工作，注射相关药物治疗，对治疗后的疗效给予一定时间的观察，保证羊病的恢复，这样才能够将其和其他羊放在一起生活。

（二）定期采用药物进行驱虫

在春秋季节，通常情况下都应该对羊实施药物驱虫治疗，采用 10mL 的伊维菌素进行肌内注射，具有一定的高效性与低毒性，可以将羊体内的肺线虫以及片型吸虫充分消除。春季羊剪毛后的半个月左右，应该对羊实施药浴治疗，可采用 0.025% 的林丹乳油水乳液。还可以采用 1% 阿维菌素注射液与除虫菊 0.2% 煤油溶液联合治疗，通过对羊具体体重的了解，按 0.2mg/kg 的剂量注射，具有较好的驱虫效果。

（三）定期对圈舍消毒

对圈舍进行定期消毒，能够对常见羊病进行有效预防。常见的常规消毒药物包括戊二醛、聚维酮碘等，在具体操作过程中必须严格根据药物说明书实施，对羊场中的顶棚、墙以及地面等有效喷洒，在喷洒时应确保雾滴的均匀。在春季与夏季，对羊场进行消毒的频率为每 3 天 1 次，在秋季与冬季，对羊场进行消毒的频率为每 7 天 1 次。在疫病流行期，应每天对羊场实施彻底的消毒工作。另外，对经过专业检疫人员已确诊的传染病羊，应该立即隔离，同时，对此羊居住过的羊圈采用强力消毒药物进行消毒处理，如过氧乙酸、火碱等。

（四）强化日常管理工作

必须加强对羊场的日常饲养管理工作，通过对羊的年龄、性别以及品种等方面的了解，为羊制定相应的饮食量；对于幼龄、哺乳期以及妊娠期的羊，应给予额外的饲养补充；选择健康的母羊与公羊予以繁殖。同时，强化消毒工作，确保环境的干净与卫生，建立健全羊场的消毒制度。对地面、皮毛以及羊舍等严格消毒，将疾病的传染源消灭在源头。如果出现羊不明原因的死亡，不可随意剥皮或丢弃，应采用焚烧以及高温消毒等方式处理，避免疫病出现传染的可能。

三、羊疾病的治疗措施

（一）羊快疫的治疗措施

1. 药物治疗

由于羊快疫的病程持续时间短，只要未得到及时治疗，病羊就会死亡，因此在发现疑似病原或者病羊时要立即进行治疗。病羊肌内注射 80 万 ~ 160 万 IU 青霉素，每天 2 ~ 3 次；

口服 5 ~ 6g 磺胺嘧啶,每天 2 次;静脉注射 1000mL10% 葡萄糖溶液、300 万 IU 氨苄西林、20mg 地塞米松注射液。如果病羊排出混杂血液的粪便,还要配合肌内注射适量的酚磺乙胺。

另外,还要采取全群治疗,即供给全群生石灰溶液,连续饮用 2 天。在治疗期间要改善饲养环境,提高饲养管理水平,有利于机体恢复。

2. 及时进行疫苗注射

要根据当地疫病情况,制定合理的免疫程序。在每年经常发病的地区,要对羊群进行定期免疫接种,注射 1 ~ 2 次疫苗。

对于疾病防疫意识和手段较为欠缺的地区,要加大宣传相关免疫知识,并加强培训,增强饲养户的防范意识。

3. 加强饲养管理

在羊群日常饲养管理中,要适当控制羊采食量,特别是在放牧后,在饲喂时更要细致管理,防止出现过量采食的情况。羊群放牧时,要尽可能选择在干燥的草地进行,且不可过早进行放牧。

(二)传染性脓疱病的治疗措施

1. 疫情处理

一旦发现病羊,要立即隔离,并严格消毒被病羊污染的场地、羊舍、畜栏、饲槽以及各种用具等。对于病死羊尸体要采取消毒、无害化处理,对其他羊进行紧急免疫接种,并禁止易感动物和动物产品以及相关物品进出等,以有效抑制疾病的蔓延。

2. 药物治疗

可先用 2% 高锰酸钾水溶液对病羊唇部和口腔进行冲洗,接着涂擦 5% 碘甘油或者 2% 龙胆紫,也可涂擦呋喃西林软膏、5% 青霉素软膏,每 1 ~ 2 天用药 1 次。

对蹄部加强护理,将其浸泡在 5% ~ 10% 福尔马林中,每次持续 1 分钟,连续进行 3 次。

按体重取 25 ~ 40mg/kg 头孢噻呋钠、0.1 ~ 0.15mL/kg 柴胡注射液,二者混合均匀后给病羊肌内注射或者静脉滴注,每天 1 次,连续使用 3 ~ 5 天。

3. 加强引种和饲养管理

羊场最好采取自繁自养,慎重引种。要在经验丰富畜牧兽医专业人员的指导下,且经过当地动物检疫部门检疫,确认健康无病后才允许引进。新引进的羊到场后要经过 45 天的隔离观察,一切正常后才可混群饲养。

母羊要饲喂品质优良的牧草和全价饲料,确保膘情适中,保证泌乳充足,产出健壮羔羊。饲养环境要保持干净卫生,调控饲养密度合理,确保圈舍干燥,光照充足,通风良好,并注意防寒保暖,防止侵入贼风。提供足够清洁饮水,并适当补充淡盐水。为避免羊乳房、口腔、外阴等处的皮肤和黏膜出现损伤,要尽量将尖硬或者带刺的垫草和饲草挑出。

(三)羊痘病的治疗措施

1. 做好日常饲养管理

经常打扫羊圈,保持其干燥清洁。平时做好羊的饲养管理,抓好秋膘。冬春季节要适当补饲做好防寒过冬工作。

2. 及时进行疫苗接种

在羊痘常发地区，每年定期预防注射羊痘鸡胚化弱毒苗。当发生羊痘时，应立即将病羊隔离，对羊圈及管理用具等进行消毒。对尚未发病羊群，用羊痘鸡胚化弱毒苗进行紧急注射。

3. 药物治疗

对皮肤病变酌情进行对症治疗，如用 0.1% 高锰酸钾洗后，涂碘甘油、紫药水。

对细毛羊、羔羊，为防止继发感染，可以肌内注射青霉素 80 万～160 万 IU，每日 1～2 次，或用 10% 磺胺嘧啶 10～20mL，肌内注射 1～3 次。

用痊愈羊的血清治疗，大羊为 10～20mL，小羊为 5～10mL，皮下注射，预防量减半。用免疫血清效果更好。

（四）羊瘤胃积食的治疗措施

1. 洗胃疗法

一般从病羊口腔插入大口径的胃管至瘤胃内，接着轻轻抽动胃管，促使瘤胃收缩，接着瘤胃内没有完全消化的食物积液即可通过导管流出。如果食物过于黏稠而不能够自行流出，也可在露出的导管一端连接漏斗，并灌注适量的温水，通过虹吸法促使瘤胃内的积食液体通过导管流到体外。但要注意的是，如果病羊体征较差，比较虚弱，且表现出呼吸困难，则不建议采取洗胃疗法。

2. 药物治疗

使用相应的药物促使病羊瘤胃蠕动。一般来说，可给病羊静脉注射安钠咖。如果病羊严重脱水，要及时采取静脉补液疗法。也可用番木鳖酊与龙胆酊，刺激瘤胃蠕动，恢复反刍。

3. 瘤胃手术

如果病羊使用药物没有疗效，要尽快采取瘤胃切开术，将残留于瘤胃内的食物取出，接着用温热的 1% 氯化钠溶液冲洗。当病羊瘤胃液较少时，还要接种适量胃液。

4. 加强护理

病羊治疗期间要加强护理，初期要进行 1～2 天的禁食，每天只供给淡盐水任其自由饮用，停止运动，在平坦的地方慢慢牵遛，并配合用手按摩左侧歙部。能够采食时即可开始饲喂，喂量逐渐增加。

第四章 猪的养殖与日常诊疗

第一节 猪的日常饲养管理技术

一、猪引种的方法和原则

（一）供猪场家的选择

引进种猪关系到猪场以后的发展，引进生产性能好、健康水平高的种猪，也就是通常所说的好猪，能为以后的发展打下良好的基础，反之，可能带来很大麻烦。因此，需要谨慎选择引种猪场，通常注意以下几个方面。

1.供种场家应具备种猪生产经营资质

供种场家应具有相应政府主管部门核发的种畜禽生产经营许可证、当地兽医卫生监督检验所核发的兽医卫生合格证、当地工商部门核发的营业执照，并且在有效期内。目前的种猪场有的是农业农村部核发畜禽生产经营许可证，有的是省级畜牧行政主管部门核发。

2.供种场家要有足够的规模

有规模的种猪场家一般在选种育种、饲养管理、兽医防疫等方面技术比较先进，种猪质量比较可靠，有较好的技术服务人员，可以提供种猪完整的资料供参考，可以帮助养殖场提高饲养管理水平。因此，引进种猪尽可能不要图便宜，不要到规模很小、不具有生产经营许可证的猪场购买种猪。

3.供种场家要有较好的信誉

信誉好的场家可以帮助养殖场得到理想的种猪，一旦发生纠纷，问题也比较容易解决。

（二）引进种猪的分类和使用

1.引进种猪的分类

引进种猪基本分为单品种种猪或配套系种猪。单品种种猪分为纯种猪、二元杂交猪，配套系种猪分为原种代和父母代。

（1）纯种猪

纯种猪也叫纯品种猪，包括：地方种猪，如民猪、太湖猪、淮猪；选育猪种，如三江白猪、湖北白猪、上海猪、苏太猪；引进猪种，主要指国外引进的种猪，如长白猪、大白猪、杜洛克猪、皮特兰猪等。

（2）二元杂交猪

主要是引进猪种的2个纯种猪杂交生产并选育的种猪，通常是用来生产三元杂交商品猪的母本种猪。

（3）原种猪

属于配套种猪，是配套体系中最上端的种猪，是终端商品猪的来源猪种。在配套系猪的体系中只有原种才可以繁殖，原种的另一个用途就是用来生产祖代种猪，是祖代猪种的唯一来源。

（4）祖代猪

属于配套系种猪，仅来源于该配套系的原种。在祖代种猪中，只有某专门化品系单性别的种猪。

（5）父母代猪

属于配套系种猪，仅来源于该配套系的祖代。父母代种猪仅用来生产商品猪，配套系种猪公司通常仅推广这个代次的种猪。

2.引进种猪的使用

① 引进种猪直接用来繁殖扩群。

② 引进种猪用来改良原有的种猪群的生产性能。

③ 引进种猪用来开展杂交生产。

3.引进种猪的选择

优秀的猪种都是经过严格选育形成的，具有某些特定的性能，适应不同的需求，因此，引进种猪需要考虑以下因素。

① 目标市场的需要。

② 当地自然情况和已有的饲养管理条件。

③ 经济实力。

（三）根据品种特征特性和生产性能选择种猪

1.体型外貌选择

在选择体型外貌时首先应该有一个统一、协调的整体观念，不要特别偏于某一方面而过度选择。另一个特别重要的就是四肢要健壮结实，端正。在选择体型外貌时，常常遇到毛色问题。毛色遗传比较复杂，杂毛比例大的种猪，选育程度差一些。

2.健康选择

首先应该考察猪场的卫生制度、免疫是否健全，然后仔细检查备选猪的健康状况。

3.生产性能选择

选择优秀的生产性能很重要，一般比较正规的种猪场都开展猪的性能测定，可以通过其父母生产性能的测定成绩对种猪进行选择。

（四）引种时的法律法规

要按照经济合同的要求签订种猪购销合同，按照动物防疫法和检疫管理办法的要求进行种猪检疫开具检疫证书。

（五）种猪的运输

运输种猪的车辆要有足够的面积，运输之前要按规定将车辆彻底消毒，车上最后铺上清洁的垫草或锯末。如果运输的数量多，运输距离长，车厢该分成若干小栏。运输路线应尽量选择宽敞并远离村庄的道路。人尽可能不休息，根据情况，发现异常，及时处理。

（六）入场前期隔离

引进的新种猪要在入场前期进行隔离饲养，观察新引进的种猪是否有异常表现。如有必要，要再次进行实验室检验。

二、猪的饲养标准和营养需要

（一）猪的消化特点

1. 猪的消化道结构特点

猪是杂食动物，其消化道结构同单胃动物，但它不同于马属家畜，盲肠不发达，也称盲肠无功能家畜。猪的上唇短而厚，与鼻连在一起构成坚强的吻突（鼻吻），能掘地觅食；猪的下唇尖小，活动性不大，但口裂很大，牙齿和舌尖露到外面即可采食。猪具有发达的犬齿和白齿，靠下颌的上下运动，将坚硬的食物嚼碎。猪的唾液腺发达，能分泌较多的含淀粉酶的唾液，淀粉酶的活性比马、牛强14倍。唾液除能浸润饲料便于吞咽外，还能将少量的淀粉转化为可溶性糖。猪舌长而尖薄，主要由横纹肌组成，表面有一层黏膜，上面有不规则的舌乳头，大部分的舌乳头有味蕾，能辨别味道。食物经消化道很快进入胃。猪胃的容积7～8L，大小介于肉食动物的简单胃与反刍动物的复杂胃之间。胃有消化腺，不断分泌含有消化酶与盐酸的胃液，分解蛋白质和少量脂肪。食物经胃中消化，变成流体或半流体的食糜。食糜随着胃的收缩运动逐渐移向小肠。猪的小肠很长，达18m左右，是体长的15倍，容量约为19L。小肠内有肠液分泌，并含有胰腺分泌的胰液和胆囊排出的胆汁，食糜中营养物质在消化酶的作用下进一步消化。随着小肠的蠕动，剩余食糜进入大肠。猪的大肠为4.6～5.8m，包括盲肠和结肠两部分。猪的盲肠很小，几乎没有任何功能；结肠微生物对纤维素有一定的消化作用。大肠内未被消化和吸收的物质，逐渐浓缩成粪便从肛门排出体外。

2. 猪的消化生理特点

（1）胃的消化

胃壁黏膜的主细胞分泌蛋白酶、凝乳酶、脂肪酶，壁细胞分泌盐酸。胃液中不含消化糖类的酶，对糖类没有消化作用。

（2）小肠内的消化吸收

小肠是猪消化吸收的主要部位，几乎所有消化过程都是在小肠中进行。糖类在胰淀粉酶、乳糖酶、麦芽糖酶、葡萄糖淀粉酶的作用下分解为葡萄糖被吸收。胃中未被分解的蛋白质经胰蛋白酶继续分解，再经肠蛋白酶分解为氨基酸，经肠壁吸收，进入血液。脂类在胆汁、胰脂肪酶和肠脂肪酶作用下，分解为脂肪酸和甘油被吸收。

（3）大肠内的消化

进入大肠的物质，主要是未被消化的纤维素以及少量的蛋白质。大肠黏膜分泌的消化液含消化酶很少，其消化作用主要靠随食糜来的小肠消化液和大肠微生物作用。蛋白质受大肠微生物作用分解为氨基酸和氨，并转化为菌体蛋白，但不再被吸收。纤维素在胃和小肠中不发生消化作用，在结肠内由微生物分解成挥发性脂肪酸和二氧化碳，前者被吸收，后者经氢化变为甲烷由肠道排出。猪大肠的主要功能是吸收水分。猪对粗纤维的消化利用率较差，而且日粮中粗纤维的含量越高，猪对日粮的消化率也就越低。

（二）猪的营养特点

1. 乳猪营养特点

新生仔猪的消化道因为分泌消化酶的能力低，只能消化母乳中简单的脂肪、蛋白质和碳水化合物，因此仔猪断奶直接饲喂全价饲料容易引起生长受阻和营养性腹泻。日粮配合时为了减少腹泻的发生，往往使用一些易消化的饲料，如乳清粉、脱脂奶粉、喷雾干燥血浆粉、熟化大豆等，同时还可添加酸化剂、诱食剂等其他成分。一般来说，2 周龄内断奶仔猪对乳蛋白饲料的利用率高于以大豆蛋白为主的饲料利用率。因为虽然该时期仔猪已开始分泌消化酶，但是胰液分泌尚不足。到 8 周龄，仔猪开始适应大豆蛋白。在 3 周龄时，仔猪的胃蛋白酶、胰蛋白酶及胰凝乳蛋白酶的活性还不能正常发挥其功能，但断奶可使这些酶的活性增加。胃黏膜及胰腺组织内的蛋白分解酶除了在 4 周龄以后的几天外与生长性能没有直接关系，消化能力和生长性能主要与胃肠管内酶的分泌有关。与哺乳仔猪相比，早期断奶仔猪消化器官重量及组织内酶含量会更加提高。

2. 母猪营养特点

繁殖母猪的营养需要因体重、妊娠、分娩胎次、哺乳、温度及环境条件的变化而不同，所以必须根据繁殖母猪在维持、生长、妊娠、哺乳等方面的需求进行分析，确定其营养需要。营养是影响繁殖效率的首要因素，只有全面深入地了解和满足母猪特定营养需要，才能获得最佳的生产性能。母猪的营养概括起来就是"低妊娠高泌乳"。由于母体效应，怀孕母猪有过量采食的倾向，因而变得较肥，因此妊娠期需要控制其能量摄入。能量摄入不足或过量都会产生明显的不良效果。不足往往会分娩出小而弱的仔猪；过量则会导致肥胖，而易患难产症，奶水不足，仔猪压死增加，母猪断奶后受孕率下降。怀孕母猪日粮粗蛋白水平过高的危害超过不足，一般认为含量为12%比较适宜，过高则会使哺乳母猪泌乳减少。母猪泌乳期间的体重损失往往依靠怀孕期内弥补，这个过程的营养利用效率低，而且影响繁殖性能，正确的做法是在日粮中提供必需而充足的营养，使哺乳期间母猪的体重损失降至最低。为了充分发挥猪的遗传潜力，必须调节好日粮营养水平，以达到改善生产性能、减少环境污染的目的。蛋白质的营养主要表现在氨基酸组成（关键是必需氨基酸组成），而不是蛋白质含量多少，即日粮必需氨基酸含量不足时，蛋白质的合成指数会下降。所以，必须通过日粮提供体内不能合成的必需氨基酸，同时为了合成非必需氨基酸，应按一定比例提供含氮化合物及能量饲料。

（三）猪的营养素需求

1. 蛋白质

蛋白质是生命活动的物质基础，更新动物体组织和修补被损坏的组织，组成体内的各种活性酶、激素、体液和抗体等。日粮中缺乏蛋白质，会导致动物生长受阻、抗病力下降、出现繁殖障碍、后代体弱等问题，动物产品生产量下降。

2. 脂肪

脂肪在猪体内的主要功能是氧化供能。脂肪的能值很高，所提供的能量是同等质量碳水化合物的两倍以上。除供能外，多余部分可蓄积在猪体内。此外，脂肪还是脂溶性维生素和某些激素的溶剂，饲料中含一定量的脂肪，有助于这些物质的吸收和利用。

（1）脂肪的化学组织结构

脂肪主要由脂肪酸和甘油组成。饲料中脂肪是指在饲料分析时，所有能够用乙醚剔除的物质，除脂肪外还包括类脂化合物、色素等，因此称为粗脂肪或醚浸出物。脂肪酸又可分为饱和脂肪酸和不饱和脂肪酸，一般植物性脂肪含不饱和脂肪酸，而动物性脂肪主要含饱和脂肪酸。含不饱和脂肪酸的脂肪常呈液状，含饱和脂肪酸的脂肪呈凝结状态。

（2）脂肪的营养作用

① 脂肪是热能的重要来源。饲料中的脂肪被吸收经氧化可产生能量，供机体生命活动需要。当饲料中供给的能量不足时，猪体内所贮存的脂肪就要被动用。在一般情况下，猪体主要从饲料中的碳水化合物获得能量。

② 脂肪是猪体组织细胞的重要组成部分。猪体内的神经、肌肉、骨骼、血液、皮肤等组织均含有脂肪，各种组织的细胞膜都是由蛋白质和脂肪组成的。

③ 脂肪是必需脂肪酸的来源。亚油酸、亚麻油酸和花生油酸在猪体内不能合成，且对幼龄猪的生长发育非常重要，必须由饲料供给，这类脂肪酸被称为必需脂肪酸。猪对脂肪的需要量很少，一般不会缺乏，只有当日粮中的脂肪含量低到 0.06% 时，才会出现皮肤发炎、脱毛、甲状腺肿大等症状。猪饲料中的脂肪含量一般保持在 1% ~ 5% 就可以了。

④ 脂肪是脂溶性维生素和激素的载体。饲料中维生素 A、维生素 D、维生素 E 和维生素 K 被采食后，只有溶解在脂肪中，才能被猪消化吸收利用。同时，一些生殖激素如雌素酮、睾丸素酮等必须有脂肪参与才能发挥作用。

⑤ 猪体内的脂肪是一种很好的保温物质。皮下脂肪可以防止猪体内的热量损失。

3. 碳水化合物

饲料中的碳水化合物由无氮浸出物和粗纤维两部分组成。无氮浸出物的主要成分是淀粉，也有少量的简单糖类。无氮浸出物易消化，是植物性饲料中产生热能的主要物质。粗纤维包括纤维素、半纤维素和木质素，总的来说难于消化，过多时还会影响饲料中其他养分的消化率，故猪饲料中粗纤维含量不宜过高。当然，适量的粗纤维在猪的饲养中还是必要的，除能提供部分能量外，还能促进胃肠蠕动，有利于消化和排泄以及具有填充作用，使猪具有饱感。

4. 维生素

维生素是饲料所含的一类微量营养物质，在猪体内既不参与组织和器官的构成，又不氧化供能，但它们却是机体代谢过程中不可缺少的物质。维生素分为脂溶性和水溶性两大类，脂溶性维生素包括维生素 A、维生素 D、维生素 E、维生素 K；水溶性维生素包括维生素 C、维生素 B 和其他酸性维生素。日粮中缺乏某种维生素时，猪会表现出独特的缺乏症状。

5. 矿物质

矿物质可为猪提供生长发育所需要的各种常量和微量元素，是构成骨骼、牙齿、蛋白质、器官、血液的成分之一，使肌肉和神经发挥功能，维持机体代谢过程，维持渗透平衡。

6. 水

水是畜体的重要物质，饲料的消化与吸收，营养的运输、代谢和粪尿的排出，生长繁殖、泌乳等过程，都必须有水的参与。水能调节渗透压，保持细胞的正常形态。因此，在畜禽生命活动和生产时都离不开水的供应。

三、猪的日常养殖技术

（一）乳猪的饲养管理

从出生到断奶阶段的仔猪称为哺乳仔猪，一般在 21 ~ 35 日龄断奶，这个阶段是猪一生中生长发育最迅速的阶段。在这一阶段，猪体物质代谢旺盛，消化机能不完善，保温能力差，容易发病。哺乳仔猪培育得好坏不仅直接影响到断奶育成率的高低和断奶体重的大小，进而影响到出栏时间，而且关系到母猪的生产力，从而影响整个饲养经济效益。因此针对此阶段仔猪的生理特性，加强仔猪的培育，是提高养猪经济效益的关键，主要从下面几个方面着手。

1. 初生仔猪管理

① 除去胎膜，擦干身体。当仔猪由母体分娩后，部分羊膜可能堵住仔猪的呼吸道，工作人员必须及时除去羊膜，以便仔猪能正常呼吸。

② 剪断脐带。仔猪出生后，先将脐带内血液尽量挤向腹部，然后在距腹部 4 ~ 5cm 处用线结扎后剪断，并用 5% 的碘酊消毒，以防细菌感染，特别是破伤风。

③ 除去犬齿。注意剪齿时不要损害齿龈和舌头，防止病原菌进入仔猪体内，并注意工具的消毒，以免细菌交叉感染。

④ 剪耳号。主要是为了方便后备种猪。

⑤ 断尾。一般在仔猪出生后 1 ~ 2 天内，结合剪耳号实施断尾。要注意的是工具消毒，且断尾不可过短。

2. 早吃初乳

母猪产后，3 天内分泌的乳汁称为初乳，以后为常乳。初乳营养丰富（含有镁盐，铁，维生素 A、D、C），携带大量的母源抗体。这些抗体要在幼畜出生后较短时间内被摄入消化道中，才能被完整地吸收利用。吃初乳可大大提高仔猪抗病能力，同时又能促进胎粪排出。仔猪吃不上初乳很难养活；吃不足初乳，即使能养活也会出现发育不良或成僵猪。虽然初乳质量好，但维持时间短，所以初生仔猪必须及时吃足初乳，这样有利于提高仔猪的成活率。

3. 固定奶头

仔猪出生后 2 ~ 3 天内每天吃乳前，以仔猪自选为主，人工控制为辅固定奶头。将体小力弱的仔猪固定到前边泌乳量大的乳头上，将体大力强的仔猪固定到后边的乳头上，一般经 2 ~ 3 天就可以固定好吃奶次序。以后每次哺乳均能按固定奶头吃乳。

在固定奶头时，最好先固定下边的一排，然后再固定上边一排，这样既省事也容易操作。此外，在乳头固定前，让母猪朝一个方向躺卧，以利于仔猪识别自己吸的乳头。

4. 补铁补硒

（1）补铁

铁是形成血红蛋白和肌红蛋白所必需的微量元素，仔猪缺铁时，便会发生缺铁性贫血，表现为精神不振、皮肤黏膜苍白、被毛蓬乱、食欲下降、轻度腹泻、生长缓慢甚至停滞、抗病力弱，严重者形成僵猪，甚至死亡。仔猪出生时，体内存储的铁元素约为 59mg，每天生长发育需要消耗 7mg 左右，仔猪每天从母乳中可以获得铁元素 1mg 左右，体内储存的铁 5 ~ 7 天就会耗尽。如得不到及时补充，早者 3 ~ 4 日龄，晚者 8 ~ 9 日龄便会出现缺铁性贫血。

常用的补铁方法有：在出生 2 ~ 3 天，给仔猪肌内注射铁剂，或使其口服铁铜合剂。也可将铁剂喷洒或涂在母猪乳头上，使仔猪吃奶时吸收。

（2）补硒

仔猪容易缺硒。宜于出生后 3 ~ 5 日龄，肌内注射补硒药剂，在 60 日龄再注射一次。

5. 补水

由于仔猪代谢旺盛，母乳含脂率很高，所以仔猪需水量就很大。若不及时供给饮水，仔猪会因口渴喝脏水而造成下痢。仔猪出生后 3 天开始补给清洁的饮水，并且要勤换，冬季可供给温热的水，严禁给仔猪饮冰冻水。

6. 保温防寒

初生仔猪皮下脂肪很薄，被毛稀疏且本身体温调节中枢尚未发育完全，对外界环境的适应性较差，在寒冷的条件下极易染病冻死，或被压死，因此保温是仔猪育成率的关键。

可实施小环境的温度控制。通常的做法是在产仔箱内增设灯泡或电热伞。

7. 防止挤压

仔猪出生后四肢行动不灵活，大脑反应较为迟钝，若因母猪疲劳而起卧不便，或产房寒冷而仔猪聚集取暖，就有可能因挤压而死亡。

防压措施如下。

① 保持仔猪的生长环境温暖干燥，帮助他们出生后尽快吃上初乳，以使仔猪更强壮，有能力避免被母猪压死。

② 分娩栏内靠一侧或一角有坚固的栏隔开，隔出一个供仔猪生活活动的小区，仔猪可随便出入，母猪进不去。

③ 安排夜间值班人员，当母猪吃食后或排便后回到原处躺卧时，值班人员应将仔猪赶到防压栏内。一旦发现母猪压住仔猪，应迅速进入分娩栏内救出仔猪。

④ 挤压损失也发生在分娩过程中，若发现个别母猪分娩时烦躁不安，要把所有仔猪圈在保温箱中，直到分娩结束。

8.及时补饲或教槽

仔猪生长迅速，对营养物质要求的需求量日益增加，而母猪在产后三周达到泌乳高峰，之后则逐渐下降，仅靠吃母乳已经不能满足仔猪迅速生长的需要。若哺乳阶段仔猪只吃母乳，断奶后会产生许多营养性和适应性的问题。因而在 7～10 日龄时应开始教仔猪认食，使仔猪顺利地过渡到靠吃料提供营养的生长阶段。诱食补料能刺激消化液的分泌，增强仔猪对料的适口性；弥补母猪奶水不足；提高仔猪的整齐度；使断奶时间提前，缩短母猪的繁殖周期，进而提高母猪繁殖效率和经济效益。

诱食补料要注意以下几点。

① 选择易消化、诱食效果和适口性好的饲料，如代乳宝，帮助仔猪顺利渡过教槽关。

② 少食多餐可以刺激仔猪多吃饲料。体重 7～15kg 的仔猪，每天喂 6～8 次，间隔时间相等，每次喂八成饱；体重 15～30 kg 的仔猪，每天喂 4～5 次；体重 30kg 以上的仔猪，每天喂 3 次或使其自由采食。

③ 诱食时间选择在仔猪最活跃的时候（8：00—10：00，14：00—16：00）。

④ 不宜喂槽中剩下的料，以免食用霉变或污染的饲料而造成下痢。

9.适时断奶

断奶时间应根据仔猪的发育情况及猪场的管理水平而定，但它对整个猪群的利用效率和饲养效益影响极大。如今多数国家猪场在实际生产中推广 21～28 日龄断奶。根据我国的饲养情况，28～35 日龄断奶比较适合，管理好的也可以实行 21～28 日龄断奶，从而提高母猪的繁殖利用率。

10.寄养并窝

在生产实践中，如遇到母猪产仔数多于乳头数，或母猪产仔数极少（少于 5 头），或母猪产后死亡的情况时，可采用寄养与并窝。选择产期接近、泌乳量高、无恶癖的母猪做继母，并且寄养仔猪最好吃过初乳，在寄养前处于饥饿状态。后产的仔猪向先产的窝里寄养时，要挑体重大的，反之要挑体重小的。注意并窝后对仔猪的看护，防止继母认出非己所生的仔猪而咬伤。为防止继母辨认，可用母猪尿或奶涂于寄养仔猪身上，寄养时间宜选择在晚间。有时寄养仔猪拒不吃继母奶，要用饥饿和强制训练的办法进行才能成功。如果场内无继母可找，可实行轮流哺乳，无母源时可实行用羊奶或牛奶人工哺乳。

（二）保育猪的饲养管理

1.仔猪断奶过渡期的管理

（1）分群

仔猪断奶后，将母猪调回空怀母猪舍，仔猪断奶后最初几天，最好留在原圈；半个月后表现基本稳定时，再调圈分群并窝，将仔猪转移到温度较高、环境干净的保育舍。如果原窝仔猪过多或过少，需重新分群，则可按体重大小、强弱进行合理分群。同栏仔猪体重相差不超过 1～2kg。还要进行适当看管，防止咬伤。

（2）饲料过渡

仔猪断奶后，要保持原来的饲料半个月内不变，以免影响其食欲和引起疾病，以后逐渐改变饲料。断奶仔猪正处于身体迅速发育的生长阶段，需要高蛋白、高能量、含丰富的维生素和矿物质的日粮，应限制含粗纤维过多的饲料。

（3）饲养制度过渡

仔猪断奶后半个月内，每天饲喂的次数比哺乳期多1～2次。主要是加喂夜餐，以免仔猪因饥饿而不安。每次喂量不要过多，少吃勤喂，以七八饱成为度，这样能使仔猪保持旺盛的食欲。

2.适宜的温度

离乳后的仔猪生活的环境温度，对断奶期的死亡率、采食量、生长速度及下痢的控制十分重要。断奶后的第一周，环境温度最好在30℃，以后则以每周下降2℃至达到20℃左右。

3.调教管理

刚断奶转群的仔猪吃食、卧位、饮水、排粪尿尚没有建立固定地点，必须对仔猪加强训练。一般而言，排泄的地方应远离仔猪卧睡休息的地方，这样才能保持卧睡休息的地方干净。

4.饲养密度

断奶仔猪的饲养密度应以 0.23（高床饲养）～ 0.33 ㎡ / 头（地面平养）为宜，每栏饲养头数不超过 20 头。合适的饲养密度可提高猪群的整齐度，有利于仔猪的生长发育。

5.水的供给

断奶时，为保证卫生安全，应使用饮水器。为让猪尽快找到饮水器。在断奶前几天调节饮水器，使其自然滴水，仔猪就能很快找到饮水器。饮水器安装在猪肩部上方5cm处，使猪必须抬头喝水。有条件可使用调节饮水器，根据猪的大小调节高低，每天检查饮水器，防止堵塞。饮水必须清洁而且不是冰冻水。

6.避免咬尾咬耳

防止仔猪咬架的方法有以下几种。

① 体重相差太大的仔猪不可并栏。

② 饲养密度不可过大。

③ 保育舍通风良好。

④ 对仔猪进行断尾。

⑤ 进行科学饲养管理，提供优质全价的配合饲料。

⑥ 可在猪舍悬挂铁链、玩具球、木块、砖头。

（三）生长育肥猪的饲养管理

生长育肥猪按生长育肥阶段分为中猪（30～60kg）和大猪（60kg以上，育肥期）两个阶段。

此阶段是现代养猪生产中增重最快的时期，该阶段占养猪总耗量的80%，是决定养猪经营者获得最终效益高低的重要时期。因此，养猪者必须加强管理，选好饲料，降低生产成本，才能提高经济效益。

1. 原窝饲养，合理分群

猪是群居动物，不同品种、来源的猪合群时，往往出现剧烈的咬架、相互争食等现象。所以尽量保持原窝猪在同组中饲养，因哺乳时已成群居秩序，育肥期保持不变，就不会出现咬架现象。如果同窝猪头数不够或整齐度差，可以把来源、体重、体质、习惯等方面相似的猪合群饲养。合群应尽量在夜间进行，加强管理和调教，避免或减少咬斗现象。

2. 调教

猪在合群重新组合后，首先就要想到让猪养成在固定地点排粪排尿、睡觉、进食和互不争斗、咬架的习惯。同时要保持猪舍干燥干净卫生。

3. 圈养的密度与猪群的大小

每群以10～15头为宜。每头体重为30～60kg的猪占地0.5～0.6㎡，每头体重为60kg以上的育肥猪占地0.8～1.0㎡。

4. 温度湿度

体重低于45kg的猪适宜温度为30～32℃，体重45kg以上的猪适宜温度为20～28℃，夏季当圈舍温度超过27℃时可采用定期喷水降温的方法。猪圈舍空气相对湿度在50%～70%为宜。

5. 合理的通风换气

适宜的通风换气系统对清洁圈舍空气十分重要，通风不良及潮湿会造成氨气、硫化氢等有害气体的浓度增高，从而引发猪的呼吸道疾病。好的进风口可以使进入的空气均匀地穿过猪舍，避免穿堂风和通风死角，在寒冷冬季更要解决好通风和保温的矛盾。

6. 饲喂方法

选择营养平衡的优质饲料饲喂，尽量干喂，小猪阶段也可以少量掺水湿喂（以手握料成团，手松料开为宜）。采用自由采食。每周至少清理料槽两次，避免料槽底部存料发霉变质。

（四）种公猪的饲养管理

种公猪对整个猪群的作用很大，俗话说："母猪好管一窝，公猪好管一坡"。加强种公猪的饲养管理，提高其使用效率，对增加仔猪的数量、改进猪群质量都是十分必要的。自然交配情况下，每头公猪可承担20～30头母猪的配种任务，一年繁殖仔猪400～600头。搞好营养、运动、配种三者之间的平衡，是养好公猪的重要内容。

1. 公猪的选留

从生长前期就应着眼观察，选择的公猪要符合品种特征，背腰平直，躯体丰满，四肢健壮，无肢蹄缺陷，两则睾丸对称、发育良好（无隐睾、单睾），性欲旺盛，阴茎勃起有力、持久性好，精液品质优良。

2. 公猪的利用

公猪的初情期一般为6～7个月龄，试配年龄不小于9月龄，体重要达到成年的

60%。更要根据精液品质来确定，精子成活率至少达到 50% 以上才开始利用。开始利用时强度不宜过大。青年公猪（9 月龄～1.5 岁）每周配种次数不超过 3 次；成年公猪（1.5 岁以上）每周不超过 5 次。配种前后半小时不供料，不饮用冷水或冷水冲洗猪体。公猪配种年限一般为 3～4 年，生产用种公猪的更新率为 25%～35%。

3. 种公猪的营养

种公猪对维生素、矿物质和蛋白质的要求较高，且要求有一定比例的动物蛋白，但能量不宜过高。应随时注意公猪的营养状况使其终年保持健康结实、性欲旺盛、精力充沛的体质。日粮一般占体重的 2.5%～3%，每次饲喂不宜过饱，同时要注意膘情，看膘投料，并供给清洁饮水。冬季日喂 2 次，夏季日喂 3 次。

4. 日常管理

（1）单圈饲养

公猪要单圈饲养，每头公猪占地 6～7 ㎡。公猪舍要远离母猪舍，在非配种期间，既不能让其看到母猪，也不能听到母猪叫声和闻到母猪气味，使其安静休息，不受干扰，避免相互爬跨和自淫（加大运动量）。

（2）建立日常管理制度

建立包括饲喂、运动、洗刷、受精和休息的日常管理制度，使公猪养成良好的生活习惯，不宜随意变动。

（3）保持圈舍和猪体卫生

圈舍应天天清扫，保持清洁、干燥、卫生，每天刷拭皮毛，炎热夏季可洗澡，防止皮肤病和寄生虫发生，还要注意公猪阴囊和包皮卫生。

（4）合理运动

夏季早晚各运动一次，冬季中午运动一次，每次运动 0.5～1 小时，行程 2～3km。除雨雪天以外都应坚持运动，但运动后不宜立即洗澡和饲喂。配种旺盛期适当减少运动，非配种期适当增加运动。

5. 定期称重

根据体重变化检查饲料是否适当，幼龄公猪体重应逐月增加，成年公猪体重应变化很小，保持中上等膘情。

6. 定期检查精液品质

每隔 7～10 天，检查一次精液品质，以此为标准进行调养、安排运动和配种次数，做到合理使用。

（五）母猪配种期的饲养管理

1. 配种准备期

配种准备期是指后备母猪配种前 10 天左右及经产母猪从仔猪断奶至发情配种期间，习惯上又称母猪的空怀期。此阶段主要任务是保证正常的种用体况（不肥不瘦的中上等膘情），能正常发情、排卵，并能及时配上种。

此期能搭配部分青绿多汁饲料则是很有益的。

2.母猪的发情期

（1）发情表现

达到初情的猪会在一年中周而复始地多次发情，除非处于怀孕和哺乳阶段。母猪发情周期一般为 17 ~ 27 天，平均 21 天。一个发情周期又分为发情前期、发情持续期、休情期。发情持续期为 2 ~ 3 天，也基本上是周期的最后 3 天，就在此期间，卵巢释放出成熟的卵子，卵子在输卵管里仅存活 8 个小时，母猪表现出各种发情症状，由浅到深再到浅直至消退。

（2）发情鉴定

常见的发情鉴定方法有以下几种。

① 外部观察法。母猪发情时表现极为敏感，一有动静马上抬头，竖耳静听。平时吃饱后爱睡觉的母猪，发情后常在圈内来回走动，外阴红肿，松弛闭合不严，中缝歪曲，阴唇湿润，黏液量较多，即可判定为发情。

② 公猪试情。一头成熟（12 月龄以上）公猪会产生大量的外激素或气味并散发给发情母猪。把公猪赶进母猪圈内，如果母猪拒绝公猪爬跨证明母猪没有发情，如果母猪主动接近公猪接受公猪的爬跨，说明母猪正在发情。

③ 母猪试情。把其他母猪或育肥猪赶进母猪圈内，如果母猪不爬跨其他猪，证明母猪没有发情。如果母猪爬跨其他猪，说明母猪正在发情。

④ 人工试情。一般情况下没有发情的母猪，不让人接近和用手或器械触摸其阴部。如果母猪不躲避人的接近，用手按压母猪后躯时，表现静立不动并用力支撑，用手或器械接触其外阴也不躲避，说明母猪正在发情，应及时配种。

（3）检查频率与程序

① 频率。对断奶母猪，一天查情两次，配种时间才能更准确；对后备母猪，一天查情两次也是有必要的，因为后备母猪发情期较短，发情迹象不明显。实践中具体查情次数应根据各个场的情况而定。

② 检查程序。一般在喂料后 30 分钟进行。断奶猪一般在断奶后 3 ~ 5 天发情。确定为没有怀孕的母猪，在再次配种或被淘汰前应天天查情。配种后 21 天，对后备猪和经产母猪进行认真仔细地返情鉴定。

3.日常管理要点

（1）选择最适合配种年龄

最适合配种年龄为：地方品种 6 ~ 7 个月龄，体重 60kg 以上；培育品种 8 ~ 10 个月龄，体重 90 ~ 120kg。同时选择第二、三情期才开始配种。

（2）断奶母猪喂养

断奶当日调入配种舍，当天不喂料和适当限制饮水，断奶膘情以能看到稍微突起的脊椎骨为宜。

（3）断奶后母猪、空怀母猪喂养

断奶后母猪、空怀母猪喂怀孕料，饲喂量为每头 2.5 ~ 3kg。瘦弱母猪配种前优饲可增加排卵数。配种后，应逐步将饲喂量降至每头每天 2kg 左右，且要看膘投料。

（4）掌握配种时机

断奶后 3 ~ 7 天，母猪开始发情并可配种。流产后第一次发情不予配种，生殖道有炎症的母猪应治好后再配种。配种宜在早晚进行，每个发情期最好配 2 ~ 3 次，第一次配种用生产性能好、受胎率高的主配公猪，第二次配种可用稍次的公猪。1 天 2 次检查母猪发情，本文以母猪有"静立反应"后半天进行第一次配种，间隔 12 ~ 18 小时后进行第二次配种。

（5）刺激发情

对无生殖道疾病，但断奶后两周仍未发情的母猪，可以采取如下措施：减料 50% 或一天不给料和水，使之有紧迫感，一般 3 ~ 5 天可发情；用健康怀孕母猪的尿液拌料饲喂；用炒焦的红糖饲喂；注射催情药物，如前列腺素（PG）或其类似物、促卵泡激素（FSH）、促黄体素（LH）、孕马血清（PMSG）、绒毛膜促性腺激素（HCG）。

（6）观察确认妊娠

配种 21 天后，未再发情者，可初步确认已妊娠，调入怀孕舍饲养。

（7）保持环境适宜

保持圈舍清洁、卫生、干燥、空气流通、采光良好、温湿度合适。

第二节　猪的疾病预防与治疗分析

生猪养殖业是农民增收的支柱产业，但是伴随着养猪业集约化、规模化的发展，生猪疾病的发生给养殖业带来了很大的危害，给养殖户带来不可估量的经济损失。伴随生长阶段和季节的变化，在生猪的养殖业中，猪易患上不同特征的疾病或者易感疾病。

一、仔猪常见疾病及治疗措施

出生后 1 ~ 2 周的仔猪由各种原因造成的死亡率占整个仔猪阶段（出生至断奶后 1 ~ 2 周）的 65% 及以上，而仔猪阶段的死亡率占猪一生死亡率的 70%，因此，对仔猪阶段饲养管理与疾病防治要给予高度重视。此阶段仔猪常发疾病主要包括以下几类：仔猪下痢、仔猪气喘、仔猪脑炎、仔猪脱肛、仔猪副伤寒等。

（一）仔猪下痢

1.病因

仔猪断奶期间的腹泻，俗称仔猪下痢，其原因有多种。

（1）饲养管理

① 断奶后母仔分离应激。断奶后仔猪从分娩栏到保育栏，母仔分离，使仔猪失去了母猪的爱抚和保护，由依附母猪生活变成了仔猪独自生活，并且断奶后仔猪重新组群并窝，仔猪间相互争斗撕咬，再加上温度变化、环境的变化，引起仔猪较强的应激反应而发生肠道功能紊乱，进而引起腹泻。

② 日粮的改变。断奶前仔猪主要以母乳为主，采食饲料为辅，而断奶后完全要从饲料中吸取营养。由于母乳中含有丰富的脂肪和易于消化的酪蛋白。碳水化合物是以乳糖为主，不含淀粉和纤维。而断奶后仔猪离开母乳，不能从母乳中获得蛋白质，营养来源以饲料中的植物蛋白质，碳水化合物以淀粉和多糖为主。饲料不含乳糖，脂肪含量低，并含有仔猪几乎不能消化的粗纤维，因而使得仔猪发生腹泻。

③ 消化机能不全。断奶仔猪胃肠功能不健全，消化酶不足。仔猪断奶进入保育期，从吃母乳变成了以吃饲料为主，加上断奶应激，降低了消化酶的水平。据资料表明，断奶后1周各种消化酶活性降低到断奶前水平的1/3。使本来就不足的酶含量更少，影响营养成分的消化和吸收，因而导致腹泻。

④ 胃肠道酸性环境的变化。断奶前，仔猪主要是吃母乳，母乳进入胃肠道后，会分解成乳酸，使胃肠道 pH 值较低，呈酸性环境。断奶后，仔猪胃内由于胃酸不足，pH 值升高，胃蛋白酶形成减少，对饲料中蛋白质的消化率降低，消化不完全的饲料为小肠内致病性大肠杆菌及其他有害病原微生物的繁殖提供了有利条件，而乳酸杆菌的生长受到抑制，从而使仔猪发生腹泻。

⑤ 缺铁性贫血性下痢。哺乳阶段，仔猪可以从母乳中获得一部分铁元素，断奶后，部分仔猪吃料少或干脆不吃料，引起铁元素缺乏，进而引起红细胞合成受阻，引起下痢。

⑥ 免疫功能低。由于精神、环境、饲料等一系列应激反应，在断奶后，使原本不健全的免疫系统此时又有所降低，降低了仔猪对疾病的抵抗力，致病性大肠杆菌和其他有害微生物容易侵入导致仔猪发生腹泻。

（2）疫苗免疫

通常饲养场的母猪群每年需要免疫2～3次病毒性腹泻二联或三联苗。如果饲养场没有给母猪进行此种疫苗的免疫或者是免疫的次数不足，会导致这些猪群成为潜在的易感猪群，一旦出现病毒变异的情况，毒力会增强，很容易引发猪场暴发病毒性腹泻，并且会波及较大的范围。但是如果猪饲养场内存在猪蓝耳病病毒及猪圆环病毒，给猪接种病毒性腹泻疫苗的方法和注射部位不准确等，同样也都会导致免疫失败，最终引发仔猪腹泻。

2. 流行情况

病毒性腹泻在生产中通常有明显的季节流行性，每年的冬、春两季患病的情况比较多。不同年龄、品种和性别的猪都会因为感染而发病，其中轮状病毒感染的主要群体是哺乳仔猪，成年猪感染之后大多呈隐性感染，发病率可高达100%。该病的传播速度很快，一般2～3天就可以波及全群猪。感染乳猪仅有很短的病程，对于仔猪造成比较大的危害，如果饲养者没有给予及时正确的处理措施，会导致猪有非常高的死亡率。

最近这些年，根据仔猪在临床上发生病毒性腹泻的规律可以发现，该病的流行规律已经有所变化，通常是全年都能发病，并且涉及的范围非常大。主要的发病群体是1～7日龄的新生仔猪，母猪仅有很低的发病率但是有非常严重的带毒情况。

3. 患病表现

（1）猪传染性胃肠炎

该病仅有很短的潜伏期，通常是18～72小时，但是传播速度非常快，24小时就会导致整栋产房暴发疾病。仔猪会有非常严重的水样腹泻，并且伴有呕吐和脱水的症状。患病仔猪排泄黄色或淡绿色的粪便，在其表面可见未消化彻底凝乳块，而且散发腥臭的味道。仔猪发病的持续时间和死亡率都与日龄呈反比的关系。如果仔猪小于1周龄，会在表现出临床症状2～7天就死亡，死亡率高达100%。康复的仔猪仍然对饲料的报酬低，生长很慢，最终会形成僵猪。对病死猪进行剖检可见胃和肠道的病变比较明显，其中最主要的是以小肠出现病变为主，个别的也可见胃底出血的表现。小肠的肠壁变薄呈透明状，肠内容物稀呈现黄色并且薄如水。

（2）猪流行性腹泻

该病通常有24～36小时的潜伏时间。感染病猪如果刚出生，就会排泄水样稀粪或者在吃乳后表现高度的精神沉郁，有呕吐表现，并且呕吐物是没有消化的凝乳块。患猪的食欲减退或者呈废绝状态。发病3～4天之后，会因为脱水严重而最终发生衰竭死亡，通常发病率在60%～80%，死亡率高达90%以上。剖检病死猪可见主要的病变部位是小肠，主要表现为充血并且肠壁变薄发亮，并且在其中充满了黄色的液体。还可见病死猪的肠系膜充血，肠淋巴结充血并且表现水肿。此外还可见肾脏布满大量出血点。

（3）猪轮状病毒病

该病通常有2～4天的潜伏时间。临床可见感染仔猪在发病的初期精神沉郁，食欲不振，不愿走动，个别仔猪吃奶后表现呕吐、腹泻，排泄的粪便通常会呈现黄色、灰色或者是黑色，大多呈水样或者是糊状，并且散发腥臭的味道，该症状可以持续2～4天之久。随着病程的发展，病猪逐渐消瘦、脱水，在没有继发感染的情况下，死亡率低于10%。但是实际生产中感染仔猪的日龄、免疫情况和环境条件都对患病的情况有不同程度的影响，仔猪体内如果母源抗体不足则会表现非常严重的症状，一旦遇到环境温度下降或者是继发大肠杆菌病，都会导致症状更加的严重，进一步增加病死率。但是生产中感染症状比较轻的仔猪仅仅表现几日的腹泻症状就会康复。对病死猪进行剖检，可发现其病变与猪流行性腹泻和传染性胃肠炎病死猪的相似，都是具有非常严重的小肠病变。

4. 防治措施

（1）加强饲养管理

饲养者应该始终遵循精细饲养、合理饲养、科学管理的原则。日常应该提高供应给母猪的饲料营养水平，定期将具有提高免疫力效果的中成药和微生态制剂添加到饲料中。生产中要严格执行饲养场制定的生物安全措施，重视对于进出车辆、人员以及用具和猪舍的消毒处理。产房内应该始终保证整洁并且干燥的环境。落实仔猪的防寒保暖，同时要保证舍内有适宜的湿度环境。

（2）避免猪场间相互走访

猪场应该坚持自繁自养的饲养原则，如果可能就尽量不要从外场引种，这样可以控制甚至是降低仔猪感染病毒性腹泻的概率。如果必须要从外地引种，在猪运回场内的时候应该采取隔离饲养，一般持续隔离7～14天。这期间应该观察并且记录好种猪的精神、食欲、粪便等的状态，都确认没有异常的情况之后才可以展开混群饲养。

（3）制定合理的免疫程序

饲养场应该保证每年给母猪最少接种3次病毒性腹泻疫苗。市场上有很多此类疫苗，但是免疫效果都不理想，所以应该考虑猪场的实际生产情况而选择多种疫苗进行交叉形式的使用。并且按照相关的说明对疫苗进行严格的保存和使用。

5. 治疗

如果猪场有发病的猪，应该对母猪全群进行弱毒疫苗或灭活疫苗的紧急预防接种，以提高母猪的抗体水平并且中和其体内的病毒，从而将猪场内的疫情控制在最低的水平。给仔猪灌服微生态制剂，可以平衡肠道内微生态环境。如果患猪腹泻比较严重，可以给其灌服食用活性炭或者是采取补液措施，避免患病猪只因腹泻脱水而导致急性死亡。

（二）仔猪气喘

猪哮喘病潜伏期5～7天，最长达1个月以上，主要为害1～2月龄和断奶仔猪，发病率和死亡率都较高。仔猪哮喘病主要症状为精神不安、食欲大减、体温偏高、咳嗽喘气、明显腹式呼吸、病程较长。

1. 临床表现

（1）急性型

病猪精神沉郁，呼吸加快，每分钟达60～120次。喜卧，不愿走动。随后出现腹式呼吸，两前肢叉开，呈犬坐姿势。严重病猪，张口喘气，从口、鼻流出泡沫样物。有时发出连续性至痉挛性咳嗽。只有少数病猪有微热。食欲一般正常，只有呼吸困难时才减退或拒食。本型多见于新发生猪支气管肺炎的猪群，发病重，病程短，死亡率高。病程1～2周而死亡。幸存者转为慢性。

（2）慢性型

主要症状为长时间咳嗽，尤其早晨起立驱赶、夜间、运动时和进食后发生咳嗽。由轻到重，严重时出现连续性痉挛性咳嗽。咳嗽时拱背、伸颈、头下垂，直到呼吸道中分泌物咳出为止。进一步发展，呼吸困难，呈腹式呼吸，后期不食。仔猪消瘦、体弱，发育缓慢，如有继发感染而引起死亡。病程2～3个月，有的长达半年以上。发病率高，死亡率低。该型在老疫区多见。

（3）隐性型

病猪一般不显临床症状，有时在夜间或驱赶运动后出现轻微的咳嗽和气喘。生长发育基本正常。但用X光检查时，可见到肺上肺炎病变。该型在老疫区多见，为危险的传染源，但常被忽视。

2. 防治措施

（1）加强管理

加强饲养管理，坚持经常性的卫生消毒工作。采取"自繁自养"的方式，不要从外地引进猪。推广人工授精技术，实行"三定"，即固定猪舍、固定饲养人员、固定工具。

（2）及时发现、隔离和治疗

经常观察猪群，发现咳嗽、气喘的病猪应马上隔离、检疫、确诊治疗。对猪舍在搞好清洁卫生的基础上，要进行全面消毒。同时，对病猪群用抗生素治疗，促进病猪尽快康复。最根本的措施是用康复后母猪和无特定病原猪培育健康群。

（3）免疫预防

中国兽药监察所已研制出猪气喘病成年兔冻干疫苗、鸡胚卵黄囊冻干疫苗、乳兔肌肉冻干疫苗，兔化弱毒苗，免疫期达12个月。经过应用证明，安全有效无副作用。

3. 治疗

可用土霉素、卡那霉素、四环素、林可霉素、泰乐菌素等治疗。盐酸土霉素30～40mg/kg体重，用灭菌注射用水稀释后，分点肌内注射，每天1次，连用3～4天。泰乐菌素4～9mg/kg体重，肌内注射，每日1次，连用3～5日。林可霉素50mg/kg体重，肌内注射，每天1次，连用5日。卡那霉素注射液3万～4万IU/kg体重，肌内注射，每天1次，连用3～5日。

（三）仔猪脑炎

脑炎是由细菌（如脑膜炎球菌等）、病毒（脑脊髓炎病毒）以及寄生虫移行至脑组织等引起的一种脑实质性的炎症。临床上以突然发病，口吐白沫，痉挛抽搐，迅速死亡等为主要特征。本病多发生于断奶后的架子猪。

1. 临床症状

多数猪发病前有轻微的精神不振，一般不易察觉。常在周围条件（如抢食、咬架等）刺激下突发，也可在无刺激条件下发生。起初运动失调，后肢站立不起，强行站立，反复跌倒，口流泡沫，头向后仰，咬肌、四肢肌肉震颤，兴奋不安，痉挛抽搐，角弓反张，神志不清。体温40.5～41℃。病程长短不一，少数最急性的十几分钟就死亡，一般多在24小时内死亡。

2. 治疗

① 以体重15kg的仔猪为例，10%磺胺嘧啶10mL×2支，肌内注射或静脉注射或腹腔注射，每日两次。

② 以体重15kg的仔猪为例，庆大霉素5mL×1支，青霉素160万IU×1支，地塞米松5mL×1支，混合后肌内注射，每日两次。

③ 10%磺胺嘧啶20mL，40%乌洛托品10mL，静脉注射，每日2次。

④ 以体重10kg的仔猪为例，青霉素160万IU×1支，链霉素100万IU×1支，阿尼利定10mL×0.5支，混合后肌内注射，每日2次。

（四）仔猪脱肛

仔猪脱肛，又称肛门直肠脱垂，是指肠管和直肠外翻脱出肛门外。

1. 发病原因

（1）疾病因素

主要是由于长期便秘或顽固性下痢继发引起；阴道炎、尿道炎、尿道结石也可能造成脱肛；猪发生呼吸道疾病时咳嗽厉害、腹压增加，也会造成直肠异位而脱出。

（2）毒素因素

如果饲料或环境中存在大量的霉菌毒素，猪采食后可导致直肠肿胀引起脱肛；饲料中长期大量添加棉粕也会引起猪中毒脱肛。

（3）药物因素

饲料中大剂量添加林可霉素或泰乐菌素时，可导致直肠边缘肿胀，随后发生直肠脱出；另外，长期添加某些抗生素会引起猪肠道菌群失调形成便秘从而导致脱肛。

（4）生理因素

母猪过肥或怀孕后期腹压过高，子宫压迫直肠，肛门括约肌松弛等原因，会诱发母猪脱肛。

（5）饲喂因素

如果饲料中粗纤维含量过低，肠道蠕动功能降低会引起脱肛的发生；营养不良、突然变换饲料、饲料中混杂大量泥沙或其他异物都会引起猪脱肛。

（6）管理因素

在天气寒冷环境温度过低时，猪扎堆拥挤，过渡挤压，造成机械性脱肛；气温太高、天气突变，以及饲养管理中的各种应激因素，如撕咬、奔跑、剧烈运动，也都会引起猪脱肛。另外猪运动不足，其分泌机能和肠胃消化功能受到影响，致使肠内容物停滞，也会因便秘而脱肛。

2. 症状

直肠脱出肛门，外观呈球状，病初直肠黏膜充血、呈红色，久则水肿、淤血、呈暗红色，并附有泥污，且存在着不同程度的创伤。病后期黏膜破裂，直肠坏死，排粪困难，精神不振，食欲减退或废绝，严重脱肛仔猪易死亡。

3. 治疗

对脱肛猪应采取手术整复。

① 术前控制病猪采食，并促其排空粪便与尿液。

② 手术时将病猪倒提保定，用肥皂水将肛门周围皮肤及尾根、腿部洗净，用 0.1% 高锰酸钾溶液或 2% ～ 5% 明矾水、淡盐水冲洗消毒脱出的直肠黏膜，通过挤压放水肿液，然后涂红霉素等抗生素软膏或青霉素粉。用温生理盐水或清洁温水浸泡过的纱布热敷，按压脱肛部位，使脱出的直肠复位，随即进行肛门烟包式缝合，松紧适当，过紧妨碍排便，过松易引起再度脱肛。

③ 对脱肛严重、直肠坏死、浆膜穿孔的病猪，应进行脱出直肠的切除缝合术。手术时用 1% 普鲁卡因 40 ～ 60mL、0.1% 肾上腺素 1mL 混合。选定后海穴（肛门上方、尾根下方凹陷处），每次注射 20 ～ 30mL，术者用两条缝线在患部之后做十字形穿过脱出直肠，穿线注意避开较粗血管，然后在离缝线 1cm 左右小心切除坏死直肠、内外肠管（术中注意不要嵌住、伤及小肠，如遇细小血管渗血可用纱布压迫止血和止血钳止血），用镊子从直肠腔内夹出缝线，在缝线中央剪断，形成 4 条线，分别打结固定，即为 4 个结之间做两层肠管肠壁结节缝合，内外（两层）肠管断端进行相距 5.5cm 缝合。缝合完毕，剪掉固定牵

引线，消毒直肠脱出部分并还纳肛门内。

（五）仔猪副伤寒

仔猪副伤寒也称猪沙门菌病，是由沙门菌引起仔猪的一种传染病。常发生于 6 月龄以下仔猪，特别是 2 ~ 4 月龄仔猪多见，一年四季均可发生，多雨潮湿、寒冷、季节交替时发生率高。

1. 症状

（1）急性（败血）型

多见于断奶前后（2 ~ 4 月龄）仔猪，体温升高（41 ~ 42℃），拒食，很快死亡，耳根、胸前、腹下等处皮肤出现淤血紫斑，耳尖出现干性坏疽。后期见下痢、呼吸困难、咳嗽、跛行，经 1 ~ 4 天死亡。发病率低于 10%，病死率可达 20% ~ 40%。

（2）亚急性型和慢性型

较多见，似肠型猪瘟，体温升高（40.5 ~ 41.5℃），畏寒，结膜发炎，有黏性、脓性分泌物，上下眼睑粘连，角膜可见浑浊、溃疡。呈顽固性下痢，粪便水样，可为黄绿色、暗绿色、暗棕色，粪便中常混有血液坏死组织或纤维素絮片，恶臭。症状时好时坏，反复发作，持续数周，伴以消瘦、脱水而死。部分病猪在病中后期出现皮肤弥漫性痂状湿疹。病程可持续数周，终致死亡或成僵猪。

2. 病理变化

（1）急性型

主要表现败血症的病理变化。皮肤有紫斑，脾肿大、暗蓝色、似橡皮，肠系膜淋巴结索状肿大；肝也有肿大、充血、出血，有黄灰色小结节；全身黏膜、浆膜出血；出现卡他性出血性胃肠炎。

（2）亚急性型和慢性型

主要病变在盲肠、结肠和回肠。肠壁增厚，黏膜上覆盖一层弥漫性坏死和腐乳状坏死物质，剥离后见基底潮红，边缘留下不规则堤状溃疡，肠臌气、出血坏死。有的病例滤泡周围黏膜坏死，稍突出于表面，有纤维索样的渗出物积聚，形成隐约而见的轮状环。肝、脾、肠系膜淋巴结常可见针尖大小、灰白色或灰黄色坏死灶或结节。肠系膜淋巴结呈絮状肿大，有的有干酪样变。胆囊黏膜坏死。肺常有卡他性肺炎或灰蓝色干酪样结节。肾出血。

3. 诊断

根据流行病学、临床症状和病理变化可以做初步诊断，确诊应进行实验室检验。ELISA 和 PCR 技术也可以用于沙门菌的快速检测。

4. 防治措施

预防本病的关键是加强猪饲养管理。

5. 治疗

① 土霉素或氯霉素，按 30 ~ 50mg/kg 体重，肌内注射或口服，每日 1 ~ 2 次。一个疗程 3 ~ 5 天，症状消失后，减半用药 3 ~ 5 天。

② 病特灵，按 20 ~ 40mg/kg 体重，每日口服 2 次，3 ~ 5 天后药量减半，维持 3 天。

③ 磺胺脒，按 0.2g/kg 体重，每日口服 2 次，用药 3～5 天。

二、母猪常见疾病及措施

（一）后备母猪不发情原因与措施

1. 不发情原因

（1）疾病因素

可能导致母猪不发情的疾病有猪繁殖与呼吸综合征、子宫内膜炎、圆环病毒病、性激素紊乱等。如由圆环病毒病导致消瘦的后备母猪多数不能正常发情。另外，母猪患慢性消化系统疾病（如慢性血痢）、慢性呼吸系统疾病（如慢性胸膜炎）及寄生虫病，剖检时多发现卵巢小而没有弹性、表面光滑，或卵泡明显偏小（只有米粒大小）。还有的是卵巢囊肿，严重者卵巢如鸡蛋大小，囊肿卵泡直径可达 1cm 以上，不排卵。

（2）营养因素

能量摄入不足，脂肪贮备少，会导致后备母猪不发情。后备母猪在配种前的 P2 点膘厚应在 18～20mm。过肥也会影响性成熟的正常到来。有些母猪虽然体况正常，但由于饲料中长期缺乏维生素 E、生物素等，致使性腺的发育受到抑制。任何一种营养元素的缺乏或失调都会导致发情推迟或不发情，如饲料中钙含量偏高阻碍锌的吸收，易造成母猪不孕。

（3）饲养管理因素

① 饲养方式。对后备母猪而言，大栏成群饲养（每栏 4～6 头）比定位栏饲养好，母猪间适当的爬跨能促进发情。但若每栏多于 6 头，则较为拥挤且打斗频繁，不利于发情。若用定位栏饲养，应加强运动。

② 诱情。要注重对母猪的诱情，采取与公猪接触或其他措施来诱导母猪发情。

③ 发情档案。在 160 日龄后就要跟踪观察发情，6.5 月龄仍不发情就要着手处理，综合处理后达 270 日龄仍不发情的母猪即可淘汰，因时间太久不发情则造成饲料浪费。

2. 不发情预防

（1）合理饲养

体重 90kg 以前的后备母猪可以不限量饲喂，保证其身体各器官的正常发育，尤其是生殖器官的发育。6～7 月龄要适当限饲（日喂 2.5kg/头），防止过肥。后备母猪配种前的理想膘情为 3～3.5 分，过肥过瘦均有可能出现繁殖障碍。有条件的场，6 月龄以后每天宜投喂一定量的青绿饲料。

（2）利用公猪诱情

后备母猪 160 日龄以后应有计划地让其与结扎的试情公猪接触来诱导发情，每天接触 2 次，每次 15～20 分钟。用不同公猪刺激比用同一头公猪效果好。

（3）建立完善的发情档案

后备母猪在 160 日龄以后，需要每天到栏内用压背法结合外阴检查法来检查其发情情况。对发情母猪要建立发情记录，为配种做准备。对不发情的后备母猪做到早发现、早处理。

（4）加强运动

后备母猪每周至少在运动场自由活动1天。6月龄以上母猪群运动时应放入1头结扎公猪。

（5）给予适度的刺激

适度的刺激可提高机体的性兴奋。可将没发过情的后备母猪每星期调栏1次，让其与不同的公猪接触，使母猪经常处于一种刺激状态，以促进发情与排卵，必要时可赶公猪进栏追逐10～20分钟。

（6）完善催情补饲工作

从7月龄开始，根据母猪发情情况认真划分发情区和非发情区。将1周内发情的后备母猪归于一栏或几栏，限饲7～10天，日喂1.8～2.2kg/头；优饲10～14天，日喂3.5kg/头，直至发情、配种；配种后日喂料量立即降到1.8～2.2kg/头。这样做有利于提高初产母猪的排卵数。

（7）做好疾病防治工作

做到"预防为主，防治结合，防重于治"。平时抓好消毒，搞好卫生，尤其是后备母猪发情期的卫生，减少子宫内膜炎的发生。按照科学的免疫程序进行免疫，针对种猪群的具体情况定期拟定详细的保健方案，严格执行兽医的治疗方案。

3. 不发情处理

（1）公猪刺激

用性欲好的成年公猪效果较好，具体做法如下：让待配的后备母猪养在邻近公猪的栏中；让成年公猪在后备母猪栏中追逐10～20分钟，让公母猪有直接的接触；追逐的时间要适宜，时间过长，既对母猪造成伤害，也使公猪对以后的配种缺乏兴趣。

（2）发情母猪刺激

选一些刚断奶的母猪与久不发情的母猪关于一栏，几天后发情母猪将不断追逐爬跨不发情的母猪，刺激其性中枢活动增强。

（3）其他刺激措施

主要有如下几种。

① 混栏。每栏放5头左右，要求体况及体重相近。

② 运动。一般放到专用的运动场，有时间可适当驱赶。

③ 饥饿催情。对过肥母猪可限饲3～7天，日喂1kg左右，供给充足饮水，然后让其自由采食。

（4）对发情不明显母猪的处理

有部分母猪由于某种原因而发情症状不明显或没什么"静立"状态，这些母猪只能根据外阴的肿胀程度、颜色、黏液浓稠度进行适时输精，同时在输精前1小时注射氯前列烯醇2mL（或促排3号），输精前5分钟注射催产素2mL。

（5）激素催情

生殖激素紊乱是导致母猪不能正常发情的一个重要原因，给不发情后备母猪注射外源性激素可起到明显的催情效果。但有试验表明，采用激素催情的母猪，与自然发情的母猪相比，产活仔数平均要少1头。在以上的方法都采用了之后，仍然不发情的少量母猪最后可使用激素处理1~2次，还不发情的做淘汰处理，但不主张在祖代、种猪场使用该方法来治疗。常用的激素有：氯前列烯醇200μg；律胎素2mL；孕马血清促性腺激素1000IU＋绒毛膜促性腺激素500IU；PG600。

（二）母猪断奶后不发情的原因及解决办法

1. 母猪断奶后不发情的常见原因

（1）营养水平

如果饲料中维生素A、维生素E、维生素 B_1 、叶酸和生物素含量较低，会引起母猪断奶后发情不正常。初产母猪产后的营养性乏情在瘦肉率较高的品种中较为突出。据统计有50%以上的初产母猪在仔猪断乳后一周内不发情，而经产母猪仅为20%。哺乳期母猪体重损失过多将导致母猪发情延迟或乏情，而初产母猪尤其如此。在分娩一周后，哺乳母猪应自由采食。

（2）配种过早

初产母猪配种过早，往往会导致第二胎发情异常。

（3）公猪刺激不足

母猪舍离公猪太远，断奶母猪得不到应有的性刺激，诱情不足导致不发情。

（4）环境不适

炎热的夏季，环境温度达到30℃以上时，母猪卵巢和发情活动受到抑制。

（5）饲料原料霉变

对母猪正常发情影响最大的是玉米霉菌毒素，尤其是玉米赤霉烯酮，此种毒素分子结构与雌激素相似。母猪摄入含有这种毒素的饲料后，其正常的内分泌功能将被打乱，导致发情不正常或排卵抑制。

（6）卵巢发育不良

长期患慢性呼吸系统病、慢性消化系统病或寄生虫病的小母猪，其卵巢发育不全，卵泡发育不良使激素分泌不足，影响发情。

（7）母猪存在繁殖障碍性疾病

猪瘟、蓝耳病、伪狂犬病、细小病毒病、乙脑病毒病和附红细胞体等病源因素均会引起母猪乏情及其他繁殖障碍症。另外，患乳腺炎、子宫内膜炎和无乳症的母猪断奶后不发情的比例较高。

2. 母猪断奶后不发情的预防

（1）饲料处理

母猪饲料中应加入霉菌毒素处理剂，一般的霉菌毒素吸附剂只能吸附黄曲霉毒素，最好能选用一些新型的霉菌毒素处理剂，能全面吸附黄曲霉毒素、呕吐毒素、玉米赤霉烯酮、T-2毒素等多种毒素，还具增强免疫力、护肝强肾等作用。

（2）夏季做好母猪的防暑降温工作

夏季应做好母猪的防暑降温工作，结合通风采取喷雾等降温措施，加强猪舍的通风对流，以促进蒸发和散热，传统式饲养的猪场猪舍门窗应全部打开，让空气对流。有条件的猪场配种怀孕舍应安装水帘式降温系统，一般舍温可降低 3 ~ 5℃。在生长和育成猪舍的露天运动场上搭建凉棚，铺设遮阳网，在高温高时，用冷水冲洗猪体或加装喷雾装置，每天喷洒 4 ~ 6 次；分娩舍的哺乳母猪最好采用滴水降温的方式，滴于颈部较低靠近肩膀处。

3. 解决母猪断奶后不发情的措施

（1）饲喂管理

母猪在哺乳期应采用全价饲料足量饲喂。通常情况应为自由采食，预计投喂量：哺乳母猪喂量 = 1.5kg+0.5kg× 仔猪头数。对于初产的母猪应适当多喂一些，因为母猪本身仍在生长发育。特别注意矿物质和维生素的添加，有条件的应补充青饲料。总之饲喂的依据是：母猪体况、胎次、窝产仔数、猪舍环境、饲料营养水平、季节，根据这些因素去调节哺乳母猪的喂料量。

（2）断奶管理

对体况差的母猪应及早断奶，使瘦母猪尽快恢复体况，在夏天，哺乳母猪采食量下降，为了使猪能够获得所需要的能量水平，在饲料中添加 5% ~ 10% 的植物油或大豆卵磷脂，以提高能量的浓度，避免仔猪缺乳及断奶后母猪体况过瘦，以致影响正常的发情配种。

（3）其他

如母猪断奶后不发情属某些疾病所致，如子宫内膜炎等，应对症治疗，使用子宫冲洗法等。如果不属于疾病或体况过差，许多猪场有采用饥饿疗法，以及群养在一个大栏等，靠刺激打架和喧叫来增加应激，促进发情。

（三）配种后不受孕

1. 病因

（1）饲养管理不善

由于饲养管理不善，母猪过肥，或长期营养不足（包括缺乏某些维生素等），使母猪性细胞不能正常发育，同时母猪内分泌及性机能活动受到影响，使母猪无法正常发情、排卵，或虽然发情了，也配种不上。因此，必须及时改善饲养管理，保证生产母猪有足够营养水平，在每千克日粮中，粗蛋白质不少于 12% ~ 13%，矿物质、微量元素、维生素也不能缺少。在每天有几斤青料饲喂的情况下，可以不补充维生素，但矿物质饲料不能少，应在日粮中添加 1% 骨粉或石粉。如使用市售添加剂饲料，应购买大厂生产的添加剂，以保证其质量。

（2）产后处理不好

如果母猪产后处理不好，感染阴道炎、子宫炎等疾病，也使母猪配种不受胎，或虽配上种，也会早期流产。如发现母猪阴道流脓、流血水等，虽然发情，但配种后不受孕，可能是此类疾病，应请兽医诊治。

（3）配种时机不好

如果配种不及时，过早或过晚配种，也会使母猪无法受胎。一般母猪最适宜配种时间应在母猪发情开始后第二天进行配种为好。鉴别方法：一是母猪由不安转为安定，二是阴户由鲜红转为紫红，三是阴户由红肿（有黏液流出）转为收缩，有皱纹出现。用手压其臀部不动，此时正是母猪最适宜配种时刻。一般断乳后 5 ~ 7 天的健康母猪都可以配种受胎。

（4）其他受孕障碍

由于某些原因，母猪卵巢囊肿、变硬，使卵子无法发育成熟，性激素分泌异常，无法发情、排卵，或发情了也配不上种。在这种情况下，可采取放牧 1 ~ 2 周，增加青饲料喂量，适当提高蛋白质水平。如果处理后，再经过 3 个情期不发情的，或发情配种不上的，应予及时淘汰。

（5）公猪精液品质不佳

如公猪营养不良，配种过度，精子稀少、死精、精子活力不强等，也会影响配种受胎率的。

2.防治

① 对屡配不孕的猪，可在预计发情的前 35 天，每次喂维生素 E 200 ~ 300mg，日喂两次，3 天一疗程，发情后可配种。

② 在配种的当天肌内注射黄体酮 30 ~ 40mg 或己烯雌酚 6 ~ 8mg，以促进排卵和形成黄体。

（四）炎症引发的不发情和屡配不孕

1.病因

发生在母猪分娩，难产等过程中。交配、分娩及分娩后操作不按兽医卫生规定，使细菌进入子宫内，及产后胎衣不下，或恶露排不干净，母猪抵抗力下降，从而诱发此病。

2.子宫炎症状

（1）急性子宫炎

从子宫中流出大量透明样液及混杂有黏液的絮状物。通常在分娩后 1 ~ 3 天出现，体温升至 40℃。

（2）慢性子宫炎

是由急性子宫炎治疗不及时转变而来，无明显的症状，主要从阴门周期性地流出黄色或白色的脓状物，并粘在阴部或尾巴上。

（3）隐性子宫炎

多见于产后感染或死胎溶解之后，由于子宫颈口紧闭，脓性分泌物在子宫内，以致胎儿死亡，但并未流产。

3.防治

（1）清洗

通常先消除子宫内的炎性分泌物，再用药物如生理盐水或伊凡诺尔 2% 的水溶液注入子宫内，每天两次，连续冲洗 2 ~ 3 天。充分冲洗子宫之后，然后可用青霉素 320 万 IU、链霉素 200 万 IU 溶于 30 ~ 50mL 蒸馏水中，通过橡皮管注入子宫，每天一次。洗涤期应选在发情期。不得已的情况下肌内注射己烯雌酚 68mg。

（2）一开二排三消法

对于慢发性子宫炎在非发情期，通常采用一开二排三消法进行治疗。

① 肌内注射 3 ~ 5mL 苯甲酸雌二醇或己烯雌酚，每三日一次，使子宫颈开口。

② 子宫颈开口后，肌内注射催产素 5 ~ 15IU，使子宫收缩，排出炎性渗出物。

③ 在一开二排的基础上，用抗生素类药物肌内注射，每天二次。

（3）引产

如果母猪超过预产期 5 日龄以上或产后无力导致还有胎儿在子宫，形成死胎，必须进行引产。其方法是：用 1% 的高锰酸钾溶液 400 ~ 500mL，使温度升到 40 ~ 50℃，利用输精管注入子宫，看见流出溶液后停止，20 小时后将会产出。

三、猪传染性疾病与治疗

目前，对于猪养殖业危害最大的主要是传染病。

（一）猪瘟的诊断与治疗

猪瘟，又称经典猪瘟或古典猪瘟，是由黄病毒科猪瘟病毒属的猪瘟病毒引起的一种急性、发热、接触性传染病。猪瘟在自然条件下只感染猪，具有高度传染性和致死性，为世界动物卫生组织所列的 A 类 16 种传染病之一。主要通过直接接触，或由于接触污染的媒介物而发病。消化道、鼻腔黏膜和破裂的皮肤均是感染途径。一年四季都可发生，以春夏多雨季节为多。

1. 症状与诊断

猪瘟自然感染的潜伏期常为 3 ~ 6 天，间有延长到 24 天的。典型病例表现为最急性、亚急性或慢性病程，死亡率高。

最急性型较少见，病猪体温升高，常无其他症状，1 ~ 2 天死亡。

急性型最常见，病猪体温可上升到 41℃以上，食欲减退或消失，可发生眼结膜炎并有脓性分泌物，鼻腔也常流出脓性黏膜，间有呕吐，有时排泄物中带血液，甚至便血。初期耳根、腹部、股内侧的皮肤常有许多点状出血或较大红点。病程一般为 1 ~ 2 周，最后绝大多数死亡。

亚急性型常见于本病流行地区，病程可延至 2 ~ 3 周；有的转为慢性，常拖延 1 ~ 2 个月。表现黏膜苍白，眼睑有出血点。皮肤出现紫斑，病猪极度消瘦。死亡以仔猪为多，成年猪有的可以耐过。

超过 1 个月不死的转为慢性，病情时好时坏，最后多因瘦弱衰竭死亡或变成"僵猪"。

剖检时急性型以出血性病变为主，常见肾皮质和膀胱黏膜中有小点出血；肠系膜淋巴结肿胀，常出现出血性肠炎，以大肠黏膜中的纽扣状溃疡为典型。

根据流行病学、临诊症状和病理变化可作出初诊。实验室诊断手段多采用免疫荧光技术、酶联免疫吸附测定法、血清中和试验、琼脂凝胶沉淀试验等，比较灵敏迅速，且特异性高。中国现推广应用免疫荧光技术和酶联免疫吸附测定法。

2.病因

猪瘟病毒进入猪体后从扁桃体侵入淋巴结，经 24 小时后到达各脏器，其中以肝脏、脾脏、淋巴结和血液中含毒量最高。猪瘟病毒的感染力很强。病猪排出的粪尿和各种分泌物，以及各组织器官和体液中都含大量病毒。病毒通过污染饲料、饮水、圈舍等经消化道传染。病猪是重要的传染源。

3.防治

（1）血清治疗

采用抗猪瘟血清在病初可有一定疗效，此外尚无其他特效药物。

（2）注射疫苗

用猪瘟冻干苗或猪瘟猪肺疫二联苗作预防接种，这是预防和控制猪瘟最有效的措施。冻干苗用生理盐水或注射液稀释，双月龄小猪每头耳后肌内注射 1mL。疫苗注射后四天即可产生免疫力。预防接种可采取春季普遍注射一次，做到头头打，只只免疫。对体况较差、有病、45 天内的仔猪和临产母猪，可缓期注射。对新猪和未免疫猪应进行补针。

（3）加强管理

严禁从有猪瘟的地区引进生猪和猪肉产品。对发病猪群采取紧急措施，立即对猪场进行封锁，扑杀病猪，焚烧深埋或做无害化处理。对圈舍、运动场用 20% ～ 30% 草木灰热溶液或 15% 石灰水烫洗消毒。发病猪场应在彻底消毒一个月后，才能再次喂猪，以免此病再次发生。

（二）猪丹毒的诊断与治疗

猪丹毒是一种由红斑丹毒丝菌（俗称猪丹毒杆菌）引起的猪急性、热性传染病。病程多为急性败血型和亚急性疹块型，后者在病猪的皮肤上常出现大小不等的紫色斑块，俗称"打火印"。通常在 4 月至 5 月发病，7 月至 8 月为最高峰。猪丹毒杆菌是一种纤细的革兰氏阳性杆菌，对外界不良环境的抵抗力很强，在土壤中可以存活很长时期。一旦污染饲料、饮水、圈舍、用具和土壤后，就可经消化道引起传染，或经皮肤伤口感染。带菌者也是重要的传染源。

2.症状

急性病猪多见突然发病，不食，体温升高到 42 ～ 43℃，不愿走动，有红色眼屎。2天后在病猪的颈、体侧、胸、耳根、四股内侧皮肤上出现稍凸于皮肤表面的方形或菱形的红色疹块，界限明显，指压留痕，尤其白猪易于观察。治疗不及时会引起死亡或转为慢性，出现皮肤坏死，关节肿大，肢行和衰弱死亡。

3.预防

（1）预防性投药

在疫病流行期间，预防性投药。全群用清开灵颗粒 1kg/ 吨料、70% 水溶性阿莫西林800g/ 吨料，拌料治疗，连用 3 ～ 5 天。

（2）接种疫苗

如果生长猪群不断发病，则有必要采取免疫接种。选用二联苗或三联苗，8 周龄一次，

10 ~ 12 周龄最好再来一次。防母源抗体干扰，一般 8 周以前不做免疫接种。

（3）加强管理

加强饲养管理，保持栏舍清洁卫生和通风干燥，避免高温高湿，加强定期消毒。

加强对屠宰厂、交通运输、农贸市场检疫工作，对购入新猪隔离观察 21 天，对圈、用具定期消毒。发生疫情，要及时隔离治疗、消毒。

4. 治疗

① 按每千克体重 1 000 ~ 15 000IU 青霉素肌内注射，每日两次，体温正常后，还需用药 1 ~ 2 天，至彻底痊愈。

② 用青霉素无效时，可改用链霉素（每千克体重 40 ~ 60mg）或四环素（每千克体重 5 000 ~ 10 000IU）肌内注射，每日两次，症状消失后，仍需继续用药 1 ~ 2 天，以巩固疗效，防止复发或转为慢性。

③ 青、链霉素合用。

④ 用 20% 磺胺嘧啶钠，大猪 20mL，中猪 10mL 肌内注射，每日两次。

⑤ 用肥皂热水反复洗刷猪体，每天两次，每次 10 ~ 20 分钟，亦可缓解症状。

（三）猪传染性胃肠炎的诊断与治疗

猪传染性胃肠炎是由猪传染性胃肠炎病毒引起的一种高度接触性消化道传染病，对养猪业危害巨大。世界动物卫生组织将其列为 B 类动物疫病。主要经消化道和呼吸道感染，以呕吐、水样腹泻和脱水为特征。尤其以 10 日龄内仔猪发病率最高，可达 100%。5 周龄以上的猪死亡率不高，但病猪生长发育严重受阻或成为"僵猪"。母猪流产，泌乳量减少，肥育猪掉膘严重。猪传染性胃肠炎的发生常与引进带毒猪和病猪密切相关。病毒存在于病猪的各种脏器、体液及排泄物中。病猪和带毒猪是重要传染源。康复猪带毒时间长达 2 ~ 3 个月。病毒污染饲料、饮水、尘埃飞沫，经消化道和呼吸道传染。

1. 症状

本病潜伏期短（1 ~ 2 天），传播迅速，数日内可蔓延至全群。仔猪突然发病呕吐，继而频频水样腹泻，粪便黄色、绿色或白色，夹杂气泡，恶臭。病猪极度口渴，明显脱水，体重迅速减轻，日龄越小，病程越短，死亡率越高，10 日龄内仔猪多在 1 周内死亡，解剖可见肠壁菲薄如纸。随日龄增加发病率和死亡率逐渐降低。病愈仔猪发育不良。

2. 预防

首先不从疫区或发病地区引进猪，并做好日常卫生及消毒工作。圈舍用 30% 草木灰水或 0.2% 烧碱热溶液烫洗。应加强猪群饲养管理，提高猪体自身免疫力。预防可参照"仔猪副伤寒防治措施"。

3. 治疗

治疗本病尚无特效药。对发病猪首先停食，补水和电解质及葡萄糖以防脱水。对小猪可用抗生素药物防继续感染。加强保温和消毒工作。

（四）猪接触性传染性胸膜性肺炎的诊断与治疗

本病为呼吸道的一种接触性传染病，以急性出血性纤维性胸膜炎和慢性纤维性坏死性胸膜肺炎为特征。断奶后到4月龄以前的仔猪多发。

1. 症状

感染猪突然发病，体温41℃以上，精神沉郁，初期有轻微的腹泻和呕吐，后期出现呼吸困难，耳、鼻、四肢皮肤出现蓝紫色和暗红色，急性死亡率达80%以上，个别猪可引发关节炎、心内膜等。

2. 预防

此病多发于秋末春初寒冷季节，要加强保温和消毒工作。

3. 治疗

使用磺胺和抗生素可有效控制此病，但愈后的猪仍会长期带菌感染其他猪，常用青霉素、红霉素、林可霉素、土霉素、新霉素等与增效磺胺配合。

（五）猪伪狂犬病的诊断与治疗

猪伪狂犬病是由伪狂犬病毒引起的一种家畜和野生动物传染病。本病主要通过与病猪接触，经呼吸道、消化道、损伤的皮肤感染，也可通过配种、哺乳感染，妊娠母猪感染后，可感染胎儿。

1. 症状

感染的病猪年龄不同，在临床中表现出的患病症状也有所不同，具体各年龄段的患病表现介绍如下。

（1）初生乳猪

大多集中在生产之后的2～3天出现症状，最初呈现寒战的状态，精神状态较差，而且没有力气进行吮乳行为，通常体温会升高至41～41.5℃。一些病猪会出现叫声嘶哑伴随流涎的状态，病猪的眼睑和口角有水肿的情况。部分患猪表现出共济失调，通常将其头颈歪向一侧，呈圆圈运动姿势。部分患病乳猪还会出现腹泻、呕吐或后肢瘫痪的症状，通常会表现为呈犬坐的姿势，随着病程的发展继而出现倒地，四肢划动的情况会在数分钟之后随着站立行为而恢复正常，但是在几个小时之后又会重复发生。

（2）断奶前后的仔猪

断奶前后的仔猪发生伪狂犬病的发病率和死亡率和初生仔猪相比相对较低，但是如果患病仔猪排泄出黄色的稀粪，则死亡率可以高达100%，所以必须加以重视。

（3）成年猪

生产中感染伪狂犬病的成年猪大多都是呈隐性感染，临床中主要可见病猪有呼吸系统的症状，常见发生咳嗽和打喷嚏，并且呼吸频率减慢，体温升高，采食量减少，一般在经历3～5天会耐过，但是病猪会处于长期的带毒和排毒状态，从而成为伪狂犬病的主要传染来源，同时会导致自身的生产性能降低。临床中如果病猪并发感染其他疾病，则猪的发病率和死亡率明显升高。

（4）妊娠母猪

感染伪狂犬病的妊娠母猪通常会发生流产，产木乃伊胎、死胎和弱仔，但是患病母猪在流产的前后未出现特别明显患猪表现，有的患猪仅仅呈现一过性的发热症状。生产中的头胎母猪和经产母猪都可能会感染伪狂犬病。

2. 预防

（1）免疫接种

目前，养猪生产中对伪狂犬病的预防措施主要是采用接种疫苗，从而有效提高易感染猪群的免疫力，并且减少阳性猪群排放病毒的时间和数量。

（2）加强饲养管理

实际生产中还应该严格地把控好引种关。必须从外地进行引种时，应该在引种之前就对引种猪场的发病情况进行了解，还应该了解猪是否进行过疫苗免疫接种。引进的猪必须要隔离观察一段时间，并且配合相应的血清检测操作，确保健康无病后才可混群饲养。对于环境卫生和消毒工作必须严格地落实到位，严格防止病菌传入猪场。同时，还要加强日常的灭鼠工作，防止外来病毒入侵猪场，造成疾病的传播和流行。

3. 治疗

症状比较轻微的猪建议采用注射复方盐酸吗啉胍注射液的方式加以治疗，一般是每千克体重使用 0.05 ~ 0.1mL，每天肌内注射 1 次即可。对感染情况比较严重的患猪，每天肌内注射 2 次，通常连续注射 5 天即可。

此外，还可以给病猪肌内注射猪白细胞干扰素配合治疗（按使用说明），每天 1 次，连续 3 ~ 5 天即可。

给患猪同时补充高免血清或者健康猪的血清，并且辅以黄芪多糖加以注射，也会收到比较理想的治疗效果。

第五章 鸡的养殖与日常诊疗

第一节 鸡的日常饲养管理技术

一、养殖鸡的品种与场址选择

（一）养殖鸡的品种选择

鸡是我国传统的养殖禽类，被驯化已有数千年，各地经过培育也发展出了许多不同的鸡品种。不同的鸡品种，其特性也会有所不同。在决定养鸡时，需要根据当地的条件和养殖目标来选择合适的鸡品种。

1. 市场调查

养鸡的最终目的是向市场提供蛋肉产品。产品只有被市场接收，且消费者需要，才可能成为商品。所以，在购鸡苗前必须进行市场调查，了解消费者的喜好和需要，预测市场的未来走向，只有这样，养鸡产品才有市场。

2. 鸡种的适应能力

不同的品种对环境条件的要求不同。一个品种不论其生产性能有多高，如果不能在本地健康生存，生产力再高也不能发挥出来。比如，一些轻型蛋鸡生产性能很高，但反应比较灵敏，易受惊吓，那么在较嘈杂的地方就不能养这种鸡，应该养反应迟钝的鸡种。

3. 鸡种的生产性能

鸡种生产性能的高低，直接影响鸡场的经济效益，所以，只有选择高产品种，加上科学的饲养管理和严格的卫生防疫制度，才能获得高产的可能。优秀的蛋鸡品种，年产蛋280个以上；但也有很多品种达不到这个水平，而且，同一品种不同品系间生产性能也不同。如果品种本身的生产性能不高，饲养管理和环境条件再好，也不会有高的生产水平。因此，引种之前，一定要进行品种生产性能的调查。最好的方法是去附近鸡场了解哪些品种生产性能高，适应性强，这些可作为购鸡苗的依据，严防盲目购苗。另外还应了解，有些国外的引进品种，由于适应性差，在我国难以达到较高的生产性能，购苗时应注意。虽然纯种是高产品种，由于饲养时间长，不进行选择也会出现退化现象，生产性能降低，所以，购苗时一定要慎重，最好到守信誉的大鸡场购苗。

4.调查鸡苗鸡场的饲养管理及疾病预防情况

多年的实践证明，鸡苗场种鸡的生产性能好，饲养管理水平高，疫病少，将来鸡苗的成活率高，成鸡的生产性能好。所以，在买苗之前，一定要调查鸡苗种场的生产水平、防疫情况等。特别是对于初次养鸡的鸡场尤为重要。一种疾病一旦带入鸡场，就难以根治。这就是越老的鸡场死亡率越高的原因。

以上就是选择品种时需要考虑的问题，不仅要保证其特性适合，比如养肉鸡要选择生长速度快、肉质好的品种，养蛋鸡要选择产蛋量高、鸡蛋品质好的品种，还要注意鸡对本地环境的适应性，避免出现水土不服导致养殖效率低下的情况。

（二）鸡场的场址选择、布局、类型与结构

1.鸡场场址的选择

场址的选择对鸡场的建设投资，鸡群的生产性能、健康状况、生产效率、成本及周围的环境都有长远的影响，因此，对场址必须慎重选择。

（1）地理位置

场址要交通方便，但又不能离公路的主干道过近，要距主干道400m以上。场内外道路平坦，以便运输生产和生活物资。场址的选择还要考虑饲料来源。场址应远离居民点、其他畜禽场和屠宰场，以及产生烟尘和有害气体的工厂，以免环境污染。

（2）地势地形

地势要高燥，背风向阳，朝南或朝东南，最好有一定的坡度，以利光照、通风和排水。地面不宜有过陡的坡，道路要平坦。切忌在低洼潮湿之处建场，否则鸡群易发疫病。地形力求方正，以尽量节约铺路和架设管道、电线的费用，尽量不占或少占农田、耕地。

（3）土质

土质最好是含石灰质的土壤或沙壤土，这样能保持舍内外干燥，雨后能及时排出积水。应避免在黏质土地上修建鸡舍，另外，靠近山地丘陵建鸡舍时，应防止"渗出水"浸入。除土质良好外，地下水位也不宜很高。

（4）水源

鸡场用水要考虑水量和水质，水源最好是地下水，水质清洁，符合饮水卫生要求。

（5）日照

日照时间长对鸡舍保温、节省能源、产蛋及鸡群健康均有良好作用。另外，应考虑供电情况及周围环境疫情等。

2.鸡场布局

鸡场总体布局的基本要求是：有利于防疫，生产区与行政区、生活区要分开，孵化室与鸡舍、雏鸡舍与成鸡舍要有较大的距离，料道与粪道要分开，且互不交叉；为便于生产，各个有关生产环节要尽可能地邻近，整个鸡场各建筑物要排列整齐，尽可能紧凑，减少道路、管道、线路等的距离，以提高工效，减少投资和占地。

大型养鸡场应有5个主要分区，即生产区、生活区、行政管理区、兽医防治区、粪便污水处理区。有条件的，应建鸡粪加工再生饲料车间。

行政区、生活区一般与场外通道连通，位于生产区外侧，并有围墙隔开，在生产区的进口处需设有消毒间、更衣室与消毒池，进入生产区的人员和车辆必须按防疫制度进行消毒。行政区包括办公室、供电室、发电室、仓库、维修车间、锅炉房、水塔、食堂等。大型专营蛋鸡场应设蛋库，办公室要临近鸡场大门，以便于对外联系，行政人员一般不进入生产区。锅炉房尽量位于鸡场的中心，以减少管道和热能的散失。

生活区和行政区位于主风向的上风向，以保持空气清新，距离最近鸡舍的边缘应有100m以上，以利于防疫。生活区应距行政区远一些。

料库、饲料粉碎和搅拌间应连成一体并位于生产区的边缘，以使场内外运输车辆分开，对防疫有利；可与耗料较多的成鸡舍、中雏舍邻近，以缩短进料和送料的距离。

变电控制室应位于生产区的中心部位，以便用最短的线路统一控制鸡舍的光照与通风等正常工作。

种鸡舍—孵化室—育雏舍—中雏舍—蛋鸡舍应该成为一个流水线，以合乎防疫要求的最短线路运送种蛋、初生雏和中雏。各种鸡舍的朝向一般是向南或东南，运动场在其南侧，密闭式鸡舍其纵轴最好与夏季主风向垂直，以利于通风。成鸡最好少受惊扰，特别是设有运动场的开放鸡舍，宜处于人员、车辆少到之处，以保持环境的安静。

雏鸡舍和成鸡舍最好以围墙隔开，成鸡舍要位于雏鸡舍的下风向，尽量避免成鸡舍对雏鸡舍的污染。各栋鸡舍的间距，应本着有利于防疫、排污、防火和节约用地的原则合理安排，一般密闭式鸡舍间距15～20m，开放式鸡舍间距还应根据冬季日照角度的大小和运动场以及通道的宽度而定。一般运动场的面积为鸡舍面积的2～3倍，通道3m。通常开放式鸡舍的间距为鸡舍高度的5倍即足。

兽医防治区包括兽医室、解剖室、化验室、免疫试验鸡舍、病死鸡焚烧炉等。应处于生产区的下风向，距离鸡舍至少要100m以上。料道与粪道应该分别设在各鸡舍的两端。料道主要用于生产人员行走和运送料、蛋，通至生产区大门。粪道除用于送粪外也用于运送病、死鸡，应单独通往场外。建场绝不能把孵化、育雏舍设在低洼地方，也不应靠近粪便污水处理区。

3. 鸡舍的类型与结构

（1）鸡舍类型

主要有开放式、半开放式和封闭式三种类型。

（2）鸡舍结构基本要求

① 地基和地面。鸡舍地面应比外面高20～30cm，地基应深厚、结实，在地下水位高和较潮湿地区，须将地基垫高或在地面下铺设防潮层；地面用水泥，除便于冲洗消毒外，还可防鼠。

② 鸡舍结构。鸡舍结构最好为砖瓦木结构或选用保温隔热效果好的材料，若屋顶为石棉瓦的，要求每隔12m开一个通风楼在脊部，屋顶为三层结构：最外层是石棉瓦，中间层是稻草，最里层是防水油毡纸或彩条布，地基、梁柱和屋顶的承受力要达到所在地区的最大防风、防洪和防雪要求。

③ 建筑尺码。按每间鸡舍批饲养量为5000只鸡设计，以屋檐至地面高度2.6±0.1m、

鸡舍长度不超过 60m、跨度不超过 9m 为宜。

④ 排水沟。距鸡舍墙角 30 ～ 50cm 处设置排水沟（宽 40cm，深 10cm），若鸡舍建在坡地上，上坡位还要开一条排水渠。

⑤ 消毒池。每个鸡舍门前至少配置脚踏消毒池 / 盆和消毒手盆各 1 个（固定脚踏消毒池采用水泥砌成，规格约长 50cm、宽 30cm、深 5cm）。

⑥ 运动场。要求绿化好，无积水，无杂草。

二、鸡的养殖技术和日常管理要点

（一）肉鸡的养殖技术和日常管理要点

随着育种技术的不断进步，肉鸡的生产性能越来越高，商品肉鸡的生长速度也越来越快，同时也导致了肉鸡对环境的适应能力和对疾病的抵抗力越来越低、饲养难度也就越来越高。另外，受到饲料营养、饲养管理因素等的影响，肉鸡的饲料报酬率降低、死亡率和淘汰率升高，最终会导致肉鸡养殖经济效益下降。因此，加强肉鸡的饲养管理，掌握肉鸡养殖的技术要点，做好日常的管理，对于肉鸡养殖来说非常重要。

1. 加强管理

加强管理是肉鸡养殖的关键性工作，在进鸡前需要对鸡舍进行严格的冲刷，并进行全面的消毒处理，对鸡舍的地面、墙壁、笼具、用具等都要彻底地清洗和消毒。如果是长距离运输的肉鸡需要及时地补充水分，让其从应激中缓解过来。

在日常的管理过程中，要注意根据鸡群实际的情况进行科学的管理。对于肉雏鸡来说，要适时开饮、开食，并注意对于不愿意活动的鸡进行人工驱赶，让其采食，但是要注意动作不可粗暴，要轻，以免鸡受到惊吓，发生应激反应。要合理的光照，不可随意地改变光照时间、光照强度和光源的位置，要使整个舍内的光照强度均匀。

2. 合理饲养

肉鸡养殖对饲料的要求较高，要想达到理想的养殖效果，提高肉鸡的生长和增重速度，就需要提供适宜的饲料。肉鸡的饲料要求营养物质全面、配比均衡，一般要求高能高蛋白质水平，微量元素和维生素的量虽然较少，但是也不能缺乏或者不足。

在饲养方式的选择上，肉鸡可以地面平养。因肉鸡大部分时间伏卧在垫料上，因此在选择这种饲养方式时，要求所选择的垫料材质干燥松软、吸水性强、不易霉变，常用切短的玉米秸、锯末、稻草等。要保持垫料清洁、干燥，水槽和料槽附近的垫料要勤换，以免肉鸡长时间与受到污染的垫料接触引发球虫病。

另一种饲养方式是网上平养。网上平养的优点是与地面隔离，肉鸡不与粪便接触，可以有效地控制球虫病。在选择网的材料时宜选择塑料网或者竹夹板，一般不使用铁丝网。使用铁丝网易引起肉鸡患胸囊肿和腿病，影响肉鸡的生长发育和品质。还有一种方式是笼养，这种方式饲养易造成肉鸡严重的腿病和胸囊肿，造成商品合格率低，因此不建议采用。

3. 控制环境

肉鸡养殖多为集约化、密集化养殖，饲养密度一般都较高，但是适宜的饲养密度需要根据具体的养殖情况来确定。一般地面平养饲养密度可以适当地低一些，网上平养饲养密度高一些，通风良好的情况下饲养密度可高一些，夏季高温饲养密度可低一些。

肉鸡天性敏感，尤其对高温表现得较为敏感。温度过高会造成肉鸡强烈的热应激反应，导致肉鸡的生长发育速度下降，生产性能降低，抵抗力下降，因此要做好环境温度的控制工作。鸡舍内的温度是否适宜要根据鸡的状态来确定，如果温度适宜则鸡群表现为安静采食，在鸡舍内分布均匀。

肉鸡对相对湿度的要求并不高，但是如果不适宜的相对湿度和不适宜的温度结合会对肉鸡造成极不利的影响，因此也要控制好鸡舍的相对湿度，一般保持在 60% ~ 65% 即可。

合理的光照管理对于肉鸡来说非常重要，光照程序一旦确定，不能轻易改变，否则会引起肉鸡生理功能紊乱，增加或者缩短光照时间要逐渐地变化，让肉鸡有一个适应的过程。光照强度不宜过强，如果是开放式的鸡舍要注意做好适当的遮光处理，以免阳光直射或者光线过强。

肉鸡养殖的密度较大，并且多为封闭式饲养，舍内粪污和饲料发酵易造成舍内空气质量变差，导致肉鸡患有呼吸系统疾病。因此要加强通风，保持鸡舍内空气新鲜。

4. 解决保温与通风之间的关系

通风对于肉鸡养殖来说非常重要。但是在实际养殖过程中，在冬春寒冷季节往往处理不好通风与保温之间的关系。因冬春气候寒冷，与舍内的温度差距这大，在这种情况下，既要做好通风换气的工作，也要保持好舍内的温度，这一问题是冬季饲养肉鸡的难点所在。在通风的同时，注意不能造成鸡舍内的温度忽高忽低，不能使肉鸡因温差过大造成应激反应，从而引发疾病。

因此在通风时要注意，通风口设计要求高于鸡背上方 1.5m 以上，工作人员要根据天气的变化做好防寒保温的工作，鸡舍要防止漏风，防止有贼风进入。在通风时还要注意避免有穿堂风。通风的时间可以选择在一天温度较高时段进行，并且在通风前可以适当地提高舍温，避免因通风而造成舍温下降。

5. 加强卫生管理

肉鸡的抗病能力较差，易受不良环境的影响而感染疾病，因此要加强鸡舍卫生的管理工作。无论是鸡场的大环境还是小环境，应尽可能地符合肉鸡的养殖条件。在场址的选择上要求地势高燥、交通便利、附近安静无噪声、远离污染源。舍场内要求各区分布合理，配备有消毒池、更衣室、工作室等，进出的车辆和人员都要经过严格的消毒。

在引进鸡苗时要注意从健康的种鸡场引鸡，防止发生垂直传播，将病原菌带入鸡场。要保持鸡舍的环境卫生，定期消毒，要坚持带鸡消毒，并消灭蚊蝇、鼠害。对于病死鸡要进行无害化处理。

（二）土鸡的日常养殖技术

1. 土鸡的育雏技术

目前，育雏主要采用"立体式网床"或者地面垫料育雏的方式，在育雏过程中，要根据雏鸡的生理特点，采用科学的管理措施，以降低死亡率。

（1）适宜的温度

采用不同的育雏方式，温度稍有差异。在育雏的时候要注意观察雏鸡的精神状态和活动规律，注意"看雏施温"。一般 1 周龄以内，以 32 ~ 35℃为宜，以后每周逐渐降低 2 ~ 3℃，直至 20℃左右。

（2）湿度要恰当

雏鸡在 10 日龄以内，湿度以 60% ~ 65% 为宜；10 日龄以后，湿度保持 55% 左右为宜。采用垫料育雏的时候，10 日龄以后，由于粪尿的影响，育雏室内湿度会相对过大，容易滋生病菌，诱发疾病，特别是让雏鸡容易感染球虫病，此时一定要采取措施适当降低室内的湿度。

（3）科学的光照制度

雏鸡出壳后 3 天内，为了确保饮水和采食，采用每昼夜 23 ~ 24 小时的光照，从第 4 天到育雏结束，采用 8 小时 / 天的光照。

（4）饲喂技术

雏鸡出壳毛干后的 3 小时后进行初饮，可以在饮水中加入 5% 的葡萄糖，连续饮用 2 天，可以提高雏鸡的成活率。初饮后 3 小时至出壳 24 小时以前开食，初期饲喂自由采食，3 日后至 2 周龄，6 次 / 天；3 ~ 4 周龄，5 次 / 天；5 周龄以后，4 次 / 天。

（5）饲养密度

鸡群发育整齐均匀的先决条件就是要有合理的饲养密度。密度过大，鸡群活动空间小，采食不均匀，容易发生啄癖；密度过小，不利于保温，降低鸡舍的利用效率。要根据品种、日龄、通风、饲养方式等科学调整饲养密度。

2. 土鸡的科学调制饲料

① 饲料营养要全面，最好饲喂土鸡容易消化的颗粒饲料，同时搭配其他青绿饲料饲喂，确保土鸡的正常发育，提高增重的速度，相对缩短饲养周期，而又不改变土鸡原有的风味和营养价值，提高养鸡场的经济效益。

② 育雏期间，最初开始饲喂全价颗粒饲料的时候，要将饲料稍微浸泡，用手揉碎，以免颗粒太大，雏鸡不愿意采食。雏鸡脱温以后，也就是雏鸡在 28 ~ 63 日龄，更换为中鸡饲料，更换的时候要注意逐渐替换，以免对鸡群造成应激。同时，还要补饲 15% 左右的青饲料，补充维生素的含量。雏鸡 63 日龄以后，在野外散养，改换成大鸡饲料，同时补饲 5% ~ 10% 破碎的玉米粒或小麦粒以及 15% 左右的青饲料。120 日龄以后，玉米、小麦不用再破碎，可以整粒饲喂。

3. 土鸡的人工授精技术

（1）种公鸡的挑选标准

① 外观。体质健壮、肌肉结实、前胸宽阔、眼睛明亮有神、灵活敏捷、叫声清亮；腿脚粗壮，脚垫结实、富有弹性；羽毛丰满有光泽，无杂色；第二性征明显，鸡冠和肉髯发育良好，颜色鲜红为佳。

② 生产性能。精液黏稠，乳白色。有条件的可使用电子显微镜监测精子密度和活力进行进一步筛选，正常鸡精子直线运动，无畸形。

③ 种公鸡选育关键点。

第 1 次：1 日龄，根据生产蛋期公母比例需要，适当淘汰弱小的公鸡。

第 2 次：40 日龄左右，选留发育良好、鸡冠鲜红的公鸡。

第 3 次：17 ~ 19 周龄，选留第二性征好、体格健壮、有性反射的公鸡。

第 4 次：22 周龄左右，采精训练时淘汰无精液或精液品质差的公鸡。

（2）种公鸡训练方法

145 ~ 154 日龄间开始训练，1 次／天，一般连续训练 4 次直至输精。抱鸡人员抓鸡的速度要轻而快，用左手握住公鸡的双腿根部稍向下压，注意用力不可过大，公鸡躯体与抱鸡人员左臂平行，尽量使其处于自然状态；采精人员采用背部按摩法，从翅根部到尾部轻抚 2 ~ 3 次，要快，然后轻捏泄殖腔两侧，食指和拇指轻轻抖动按摩。

（3）人工授精的准备

① 人员。要求工作认真、素质良好的饲养员 2 人合作，同时进行采精和输精。采精和输精人员要相对固定。

② 器械。采精和输精器械消毒后用清水冲洗干净，输精器械清洗后用开水煮沸，再用生理盐水冲洗浸泡，干燥后备用。

（4）种公鸡的采精

① 采精操作。采精前首先将公鸡肛门四周的羽毛剪去，以避免污染公鸡精液。一人抓鸡持集精试管，一人采精并称取精液。一人捉鸡，尾向前，头向后，固定于腋下，两腿是自然站姿，采精员把集精杯夹在右手和无名指中间，管口朝外与手背同向，左手大拇指与四指分开，同时贴在公鸡背部两侧翅内侧，向尾部区域轻扶按摩滑动 2 ~ 3 次，右手拇指与四指分开由下到上轻轻按摩趾骨下缘的腹部，待公鸡有强的性反射时（交配器外翻），立即用左手的食指和拇指提起并挤压（不使交配器回缩），右手顺势倒转用集精杯接取精液，立即移进集精试管中。

② 采精注意事项。

第一，采精前，公鸡应禁食，减少污染。

第二，只取乳白色的黏稠性强的精液。黄色精液含有粪便，褐色精液带血，稀薄精液中有尿酸盐，不宜做输精用。

第三，采精时应尽量避开水、酒精、消毒剂。

第四，采精要隔 1 天采 1 次，或采 3 天休 4 天。

（5）输精

① 精液检查。种公鸡的射精量一般都在 0.3mL 以上，射精量低于 0.3mL 或精液品质低下的种公鸡应及时淘汰。种公鸡每毫升精液的精子数一般在 40 亿以上，精子活力应在 0.8 以上，精液的检查通常在种公鸡开始利用前或中途受精率突然不明原因下降时进行，不必每次采输精都进行。

② 输精。采好的精液必须在 30 分钟内用完，夏季高温期间用完时间更应缩短。输精时仍由助手和输精员两人操作，助手右手抓住母鸡双腿，将母鸡按在鸡笼的门口，借笼具

给母鸡腹部施加一定压力，左手掌将母鸡尾羽向上托起，用拇指和食指按压泄殖腔，翻露出输卵管口。输精员将输精滴管吸取精液 0.05mL，向位于左侧的输卵管口插入 2cm 左右，迅速将精液挤入，助手同时松开左手，将母鸡慢慢放入笼内。输精结束后，输精员及时用消毒药棉擦净输精滴管口，输精数只鸡后，最好更换一支已消毒过的输精滴管。每只母鸡可隔 3～5 天输精 1 次，其中，每 3 天输精 1 次，受精率较高。同一群母鸡可根据母鸡输精间隔期，有计划地分批轮流进行输精。

（6）输精注意事项

① 输精管输精过程中，输精管中不可带有气泡或空气柱，更不可带有羽屑、粪便、血液等杂物。

② 从采精到精液完全使用，输精时间原则上不得超过 30 分钟。

③ 尽量减少输卵管在外界暴露时间，同时，避免将精液吸出。

④ 人员抓鸡动作尽量轻柔，最大限度降低鸡应激反应。

⑤ 吸取精液时，应尽量在精液水平表面吸取，避免将滴管插入精液深部。

⑥ 输精结束后，必须查看精液是否带出，外流的要进行补输。同时忌推鸡腹部，防止腹压过高，精液外流。

4. 放养管理技术

（1）放养规模和密度

根据养殖场地的大小来确定养殖的规模，一般每群以 1 500～2 000 只为宜，采用全进全出的饲养模式。饲养的密度不能过大，如饲养密度过大，活动空间下饲养场地中的草虫不足，需要大量增加配合饲料的饲喂量，会影响土鸡产品的肉质和风味。而饲养密度过小，就会浪费资源，降低养殖场的经济效益。一般林地放养密度为每亩 250 只左右。

（2）放养及补饲

土鸡野外放养时间一般在 4 月初至 10 月底，这段时间牧草生长旺盛，林草中各种虫子也多，鸡群可以补充丰富的生态饲料。放养时还要及时补饲，以确保土鸡的营养均衡，一般在早、晚各补饲 1 次，早晨补饲量少，晚上饲喂量大，同时为了不让土鸡过肥，补饲精料中蛋白质含量要适宜。放牧的时候，还要密切关注天气的变化，遇到下雨、下雪、大风天气要及时将鸡群赶回鸡舍，以防鸡群受到应激而发病。11 月至次年 3 月主要以圈养为主，放牧为辅。

（3）做好消毒免疫工作

为了防止传染病的发生和流行，要做好免疫接种和消毒预防工作。结合当地疫病的发生规律以及饲养的品种制定土鸡的免疫程序，如及时做好鸡新城疫、鸡法氏囊、禽流感等疫病的免疫接种。在饮水和饲料中添加适量的药物做好保健，如在 7 日龄左右的饮水中添加 0.01% 的土霉素或青霉素预防疾病的发生。定期对鸡舍及周围环境进行消毒，食槽、水槽等用具每 2 天用高锰酸钾溶液消毒一次，出栏后对场地进行彻底的清扫和消毒。

（三）蛋鸡的养殖技术和日常管理要点

要饲养出一批品质优良的蛋鸡应该从雏鸡饲养就开始抓起，从雏鸡到育成鸡再到产蛋鸡，每个环节的饲养方法都要科学。对于广大养殖户来说，蛋鸡的产蛋性能的高低，直接关系到养殖效益的多少。由此可知，从育成期到产蛋期的过渡管理，即产蛋初期的管理关系到产蛋期的整个水平。为了加强鸡群的总体性能，提高产蛋率，注意预产期（产蛋初期）的管理，也成为养鸡生产中关键控制点。

1.产蛋鸡的生理特点

（1）性成熟

刚开产的母鸡虽然已性成熟，开始产蛋，但机体还没有发育完全，18 周龄体重仍在继续增长，到 40 周龄时生长发育基本停止，体重增长极少，40 周龄后体重增加多为脂肪积蓄。

（2）对环境变化非常敏感

产蛋鸡对环境变化非常敏感。产蛋期间饲料配方突然变化，饲喂设备更换，环境温度、通风、光照、密度的改变，饲养人员和日常管理程序等的变换，以及其他应激因素都对蛋鸡产生不良影响。不同周龄的产蛋鸡对营养物质利用率不同，母鸡刚达性成熟时（17 ~ 18周龄）成熟的卵巢释放雌性激素，使母鸡贮钙能力显著增加，开产至产蛋高峰时期，鸡对营养物质的消化吸收能力增强，采食量持续增加，到产蛋后期消化吸收能力减弱，脂肪沉积能力增强。

（3）产蛋规律

产蛋母鸡在第一个产蛋周期，体重、蛋重和产蛋量均有一定规律性的变化，依据这些变化特点，可分为三个时期：产蛋前期、产蛋高峰期、产蛋后期。

2.产蛋前期的饲养管理

（1）做好转群工作

在转群的前 3 ~ 5 天，将产蛋鸡舍准备好并消毒完毕，并在转群前做好后备母鸡的免疫和修喙工作。关于转群时机，由于近年来选育的结果，鸡的开产日龄提前，转群最好能在 16 周龄前进行，但注意此时体重必须达到标准。

（2）适时更换产蛋料

当鸡群在 17 ~ 18 周龄，体重达到标准，马上更换产蛋料能增加体内钙的贮备和让小母鸡在产前体内贮备充足营养和体力。实践证明，根据体重和性发育，较早些更换产蛋料对将来产蛋有利，过晚使用钙料会出现产软壳蛋的现象。

（3）创造良好的生活环境，保证营养供给

开产是小母鸡一生中的重大转折，是一个很大的应激。在这段时间内小母鸡的生殖系统迅速发育成熟，青春期的体重仍需不断增长，大致要增重 400 ~ 500g，蛋重逐渐增大，产蛋率迅速上升，消耗母鸡的大部分体力。因此，必须尽可能地减少外界对鸡的进一步干扰，减轻各种应激，为鸡群提供安宁稳定的生活环境，并保证满足鸡的营养需要。

（4）光照管理

产蛋期的光照管理应与育成阶段光照应具有连贯性。饲养于开放式鸡舍的鸡群，如转群时处于自然光照逐渐增长的季节，且鸡群在育成期完全采用自然光照，转群时光照时数已达 10 小时或 10 小时以上，转入蛋鸡舍时不必补以人工照明，待到自然光照开始变短的时候，再加入人工照明予以补充。人工光照补充的进度是每周增加半小时，最多一小时，亦有每周只增加 15 分钟的。当自然光照加人工补充光照共计 16 小时，则不必再增加人工光照。若转群时处于自然光照逐渐缩短的季节，转入蛋鸡舍时自然光照时数有 10 小时，甚至更长一些，但在逐渐变短，则应立即加补人工照明，补光的进度是每周增加半小时。最多 1 小时。当光照总数达 16 小时，维持恒定即可。

（5）产蛋鸡的光照明强度

产蛋阶段对光照强度的需要比育成阶段强约一倍，应达 20lx。鸡获得光照强度和灯间距、悬挂高度、灯泡瓦数、有无灯罩、灯泡清洁度等因素有密切关系。

（6）人工照明的设置

灯间距 2.5 ~ 3.0m，灯高（距地面）1.8 ~ 2.0m，灯泡功率为 40W，行与行间的灯应错开排列，这样能获得较均匀的照明效果，每周至少要擦一次灯泡。

3.产蛋期日常管理

（1）饲喂次数和匀料

每天饲喂 2 次，为了保持旺盛的食欲，每天 12—14 点必须有一定的空槽时间，以防止饲料长期在料槽存放，使鸡产生厌食和挑食的恶习。

每次投料时应边投边匀，使投入的料均匀分布于料槽里，投入后约 30 分钟要匀一次料，这是因为鸡在投料后的前 10 多分钟内采食很快，以后就会挑食匀料，这时候槽里的料还比较多，鸡会很快把槽里的料匀成小堆，使槽里的饲料分布极不均匀，而且常常将料匀到槽外，既造成饲料的浪费又影响了其他鸡的采食，所以要进行匀料，并经常检查，见到料不均匀的地方就要随手匀开。

每次喂料时添加量不要超过槽深的 1/3。

（2）饮水

产蛋期蛋鸡的饮水量与体重、环境温度有关，饮水量随舍温和产蛋率的升高而增多（表5-1）。

表 5-1 产蛋期蛋鸡饮水量

产蛋率（%）	每日每只饮水量/mL		
	10℃	20℃	30℃
10	166	170	253
30	178	181	278
50	193	195	307
70	206	210	337
90	228	235	383

产蛋期的蛋鸡不能断水。有资料表明鸡群断水 24 小时，产蛋率减少 30%，须 25 ~ 30天的时间才能恢复正常。各种原因引起的饮水不足都会使饲料采食量显著降低，从而影响产蛋性能，甚至影响健康状况，因此必须重视饮水的管理。用深层地下水供做饮用水最为理想，一是无污染，二是相对冬暖夏凉。笼养鸡的饮水设备有水槽和乳头饮水器两种。用

水槽供水要特别注意水槽的清洁卫生，必须定期刷拭清洗水槽，水槽要保持平直、不漏水、长流水的水槽水深应达1cm，太浅会影响鸡的饮水，使用乳头饮水器供给要定期清洗水箱，每天早晨开灯后须把水管里的隔夜水放掉。

（3）拣蛋

为减少蛋的破损及污染，要及时拣蛋，每天拣蛋3～4次，拣蛋次数越多越好。

（4）注意观察鸡群加强管理

喂料时和喂完料后是观察鸡精神健康状况的最好时机，有病的往往不上前吃料，或采食速度不快，甚至啄几下就不吃了，健康的鸡在刚要喂料时就会出现骚动不安的急切状态，喂上料后埋头快速采食。

（5）注意观察神态

发现采食不好的鸡时，要进一步仔细观察它的神态、冠髯颜色和被毛状况等，挑出来隔离饲养治疗或淘汰下笼。

（6）注意观察鸡排粪情况

饲养人员每天还应注意观察鸡排粪情况，从中了解鸡的健康情况。例如，黄曲霉毒素中毒、食盐过量、患副伤寒等疾病，会排水样粪便；患急性新城疫、禽霍乱等疾病，排绿色或黄绿色粪便；粪便带血可能是混合型球虫感染，黑色粪便可能是肌胃或十二指肠出血或溃疡；粪便中带有大量尿酸盐，可能是肾脏有炎症或钙磷比例失调、痛风等。

（7）设备观察

在观察鸡群过程中，还要注意笼具、水槽、料槽的设备情况，看看笼门是否关好，料槽挂钩、笼门铁丝会不会刮鸡等。

4.产蛋高峰期管理

（1）减少应激

尽可能维持鸡舍环境的稳定，尽可能地减少各种应激因素的干扰。

（2）药物预防

根据鸡群情况必要时进行预防性投药，或每隔一月投3～5天的广谱抗菌药。

（3）补充营养

注意在营养上满足鸡的需要，给予优质的蛋鸡高峰料（根据季节变化和鸡群采食量、蛋重、体重以及产蛋率的变化，调整好饲料的营养水平）。产蛋高峰期必须喂给足够的饲料营养，产蛋高峰料的饲喂必须无限制地从产蛋开始到42周龄让鸡自由采食。要使高峰期维持时间长，就要满足高峰期的营养需要，能量摄入量是影响产蛋量的最重要营养因素，对蛋白质的摄入量反应只有在能量摄入受到限制时才表现显著。对蛋重来说，蛋白质中甲硫氨酸摄入量是关键。

5.产蛋后期饲养管理

当鸡群产蛋率由高峰降至80%以下时，就转入了产蛋后期的管理阶段。

（1）产蛋后期的特点

① 鸡群产蛋性能逐渐下降，蛋壳逐渐变薄，破损率逐渐增加。

② 鸡群产蛋所需的营养逐渐减少，多余的营养有可能变成脂肪使鸡变肥。

③ 由于在开产后一般不再进行免疫，再到产蛋后期抗体水平逐渐下降，母鸡对疾病抵抗也逐渐下降，并且对各种免疫比较敏感。

④ 部分鸡开始换羽。

（2）营养调整

母鸡产蛋率与饲料营养采食量有直接关系，可根据母鸡产蛋率的高低，调整饲料能量的营养水平，降低日粮中的能量和蛋白质水平。

但在调整日粮营养时要注意，当产蛋率刚下降时不要急于降低日粮营养水平，而要针对具体情况进行分析，排除非正常因素引起的产蛋率下降。鸡群异常时不调整日粮，在正常情况下，产蛋后期鸡群产蛋率每周应下降 0.5% ~ 0.6%。降低日粮营养水平应在鸡群产蛋率持续低于 80% 的 3 ~ 4 周以后开始，而且要注意逐渐过渡换料，增加日粮中的钙。

6. 产蛋鸡在饲养中应注意的问题

（1）蛋鸡的用药禁忌

蛋鸡在产蛋期间，用药一定要小心，如果管理或用药不当，轻则会影响其产蛋量，重则将会影响到其终身的产蛋量，更严重的还会造成绝产甚至死亡。

（2）接种疫苗

母鸡产蛋期间应停止新城疫、传染性支气管炎等疫苗注射，以免引起产蛋量下降和产软壳蛋。

（3）盲目对症用药

对症用药是临床常见的用药方法。但对一个数百只、上千只的鸡群，有时可能出现多种临床症状，如果不分主次，采取"头痛治头、脚痛治脚"的治疗措施，很可能造成治疗失误。

（4）盲目联合用药

联合用药也是临床常见的治疗措施，就是将两种或两种以上的药物配伍用药，以扩大药物抗菌范围，提高治疗效果。如不了解药物的抗菌谱和理化性质，随意将两种或多种药物配合使用。如将青霉素与土霉素配合，青霉素与磺胺类配合，红霉素与口服补液盐配合等，这些都可能会引起不良反应。

（5）累加用药

有些药物配合使用，药效反而会减弱。所以当使用一两种抗菌药疗效不佳时，就盲目增加药物品种，是错误的做法。

（6）超剂量用药

超剂量用药，未必会增加疗效，而且往往容易造成中毒。

（7）频繁更换药物品种

当鸡发病时，治愈心切，希望药到病除，常常一种药物使用一两天不见明显好转又更换其他品种，结果拖延了病程。

（8）长期用药

有些养殖户从雏鸡开食之日起，在整个育雏期乃至整个育成期的鸡日粮中始终添加一定量的药物，用于防治白痢等消化道疾病或作为生长促进剂使用。殊不知，这样做一方面可增加鸡的耐药性，另一方面加大了鸡体内的药物残留，是不可取的。

（9）断续用药

有些养殖户并不按药物疗程合理用药，而是以治疗为目的，见病情好转后马上停止用药。由于治疗不彻底，致使病情多次复发。

（10）用抗球虫类药

这类药包括球痢灵、氯苯胍、盐霉素、可爱丹等，有抑制产蛋作用，而且有残留，危害食用者健康。

7.季节管理

（1）冬季管理

冬季天气寒冷，光照时间短。因此冬季的管理要点是防寒保温、舍温不低于15℃。有条件的加设取暖设备；条件差的鸡场将鸡舍门窗特别是北面窗用塑料膜钉好。由于冬季自然光照时间短，要补充人工光照。

（2）春季管理

春季气候逐渐变暖，日照时间延长，是鸡群产蛋量回升的阶段，但又是大量微生物繁殖的季节。所以春季的管理要点是提高日粮营养水平，满足产蛋需要，逐渐增加通风量，做好卫生防疫和免疫程序，同时做好鸡场内的绿化工作。

（3）夏季管理

夏季气温较高，日照时间长。要注意防暑降温，促进食欲。当气温超过28℃时，鸡的饮水增多，采食量减少，影响产蛋性能，并且很容易造成体质的下降，影响抗病能力。

① 防暑降温。

第一，设法增强屋顶和墙壁的隔热能力，减少进入舍内的太阳辐射热。

第二，在窗外搭遮阳棚，或利用黑色编织袋在窗口挡光。

第三，入夏前清除舍内累积的鸡粪，减少鸡粪在舍内产热。

第四，改善通风条件。有条件的鸡场可采用纵向通风，舍内有一定风速后，可以在舍内喷雾，利用水的蒸发来降低舍温，一般都有明显的效果。

总之，夏季舍温最好控制在30℃以下。

② 合理饲喂。为使鸡群能采食较多的饲料，应尽可能地提早喂料时间，可在早晨6点到7点开始喂料。酷暑期间，鸡的采食量少，为满足鸡体对能量和蛋白质等的营养需要，应该增加饲料的营养浓度，可在饲料中添加吸收利用率高的油脂。单单提高蛋白质含量的方法并不有利于防暑，过多的蛋白质，多余的氨基酸在转换成能量利用时，会增加鸡体的产热。正确的方法不是提高蛋白质的含量而是提高蛋白质的质量，通过添加甲硫氨酸和赖氨酸来提高蛋白质的利用率。为提高鸡的抗热应激能力，可饮用电解质多维素并在每千克饲料中添加150mg维生素C。在酷暑期间，应该尽可能地避免给鸡接种疫苗等造成的应激。如确实需要实施，则尽可能在气温较适宜的时间进行。

（4）秋季管理

秋季日照时间逐渐变短，要注意在早晨和夜间补充光照。秋季天气逐渐凉爽，但早秋仍然天气闷热，再加上雨水多、温度高，易发生呼吸道和肠道疾病，所以白天要加大通风量，夜间防止受凉，适当关窗和减少通风量。

第二节　鸡的疾病预防与治疗分析

一、鸡白痢的症状与防治

鸡白痢是由沙门氏菌引起的疾病，主要侵害1周龄内的雏鸡，以白色糨糊下痢和败血症为主要特征，发病率和死亡率极高。病鸡主要表现为不食、嗜睡、下痢，心肌、肝、肺等器官出现坏死性结节。鸡白痢是严重影响雏鸡成活率的主要疾病之一。

（一）临床症状

本病可经蛋垂直传播，也可通过接触传染，消化道感染是本病的主要传染方式。本病主要危害雏鸡，近年来青年鸡发病亦呈上升趋势。

1. 临床特征

（1）雏鸡

孵出的鸡苗弱雏较多，脐部发炎，2～3日龄开始发病、死亡，7～10日龄达死亡高峰，2周后死亡渐少。病雏表现精神不振、怕冷、寒战；羽毛逆立，食欲废绝；排白色黏稠粪便，肛门周围羽毛有石灰样粪便沾污，甚至堵塞肛门。有的不见下痢症状，因肺炎病变而出现呼吸困难，气喘，伸颈张口呼吸。患病鸡群死亡率为10%～25%，耐过鸡生长缓慢、消瘦、腹部膨大。病雏有时表现关节炎、关节肿胀，跛行或卧地不动。

（2）育成鸡

主要发生于40～80日龄的鸡，病鸡多为病雏未彻底治愈，转为慢性，或育雏期感染所致。鸡群中不断出现精神不振、食欲差的鸡和下痢的鸡，病鸡常突然死亡，死亡持续不断，可延续20～30天。

（3）成年鸡

成年鸡不表现急性感染的特征，常为无症状感染。病菌污染较重的鸡群，产蛋率、受精率和孵化率均处于低水平。鸡的死淘率明显高于正常鸡群。

2. 病变特征

（1）雏鸡

病死鸡脱水，眼睛下陷，脚趾干枯肿大、充血，较大雏鸡的肝脏可见许多黄白色小坏死点。卵黄吸收不良，呈黄绿色液化，或未吸收的卵黄干枯呈棕黄色奶酪样。有灰褐色肝样变肺炎，肺内有黄白色大小不等的坏死灶（白痢结节）。盲肠膨大，肠内有奶酪样凝结物。病程较长时，在心肌、肌胃、肠管等部位可见隆起的白色白痢结节。

（2）育成鸡

肝脏显著肿大，质脆易碎，被膜下有散在或密布出血点或灰白色坏死灶。心脏可见肿瘤样黄白色白痢结节，严重时可见心脏变形。白痢结节也可见于肌胃和肠管。脾脏肿大，质脆易碎。

（3）成年鸡

无症状感染鸡剖检时，肉眼可见病变。病鸡一般表现卵巢炎，可见卵泡萎缩、变形、变色，呈三角形、梨形、不规则形，呈黄绿色、灰色、黄灰色、灰黑色等异常色彩，有的卵泡内容物呈水样、油状或干酪样。由于卵巢的变化与输卵管炎的影响，常形成卵黄性腹膜炎，输卵管阻塞，输卵管膨大。内有凝卵样物。病公鸡睾丸发炎，睾丸萎缩变硬、变小。

3.实验室诊断

取肝脏坏死灶与白痢结节进行病理组织学检查，发现局部组织坏死崩解，淋巴细胞、浆细胞、异嗜细胞、成纤维细胞浸润增生。将病、死鸡的心、肝、脾、肺、卵巢等器官采集的病料，接种于普通琼脂培养基进行细菌学诊断。24 小时后，可长出边缘整齐、表面光滑、湿润闪光、灰白色半透明、直径为 1cm 的小菌落。

（二）预防与诊治

1.预防

（1）检疫净化鸡群

通过血清学试验，检出并淘汰带菌种鸡，首次检查于 6 ~ 7 日龄进行，第二次检查可在 16 周龄时进行，后每隔 1 个月检查 1 次。发现阳性鸡应及时淘汰，直至全群的阳性率不超过 0.5% 为止。

（2）严格消毒

① 及时拣、选种蛋，并分别于拣蛋、入孵化器后、18 ~ 19 胚龄落盘时用 $28mL/m^3$ 福尔马林熏蒸消毒 20 分钟。出雏达 50% 左右时，在出雏器内用 $10mL/m^3$ 福尔马林再次熏蒸消毒。

② 建立严格的孵化室消毒制度。

③ 做好育雏舍、育成舍和蛋鸡舍地面、用具、饲槽、笼具、饮水器等的清洁消毒，定期对鸡群进行带鸡消毒。

④ 加强雏鸡饲养管理，注意药物预防。在本病流行地区，育雏时可在饲料中交替添加 0.04% 的呋喃唑酮、0.05% 氯霉素、0.005% 诺氟沙星进行预防。

2.治疗

呋喃类、磺胺类、抗生素、喹诺酮类药物对本病都有疗效，应在药敏试验的基础上选择药物，并注意交替用药。发病时可在饲料中加入 0.04% 呋喃唑酮、0.1% 氯霉素或 0.03% 复方磺胺 -5- 甲氧嘧啶，连用 3 ~ 5 天。或在每升饮水中加入庆大霉素 4 万 IU、0.008% 呋喃唑酮、0.008% 诺氟沙星、环丙沙星或蒽诺沙星 0.005%，连用 3 ~ 5 天。

二、鸡球虫病的诊断治疗及预防措施

鸡球虫病是一种鸡生产中重要的常见的寄生虫病，对养鸡业影响较重，该病分布比较广泛，在各个地区均有发病报道。15 ~ 50 日龄的雏鸡发病率和死亡率都较高，成年鸡对鸡球虫有一定的抵抗力，称为隐性感染者，成为主要的传染源。存活下来的雏鸡生长发育受阻，长期不能康复。带虫的成年鸡增重缓慢，延长了饲养周期，影响蛋鸡的产蛋，有时会导致鸡大量死亡。由于该病在世界范围内存在比较广，每年需要大量的费用用于该病的预防。目前，有8种球虫病的发生率较高，我国鸡球虫病的病原体主要是柔嫩艾美耳球虫和毒害艾美耳球虫两种。

（一）鸡球虫病的危害

鸡球虫病是一种急性流行性寄生虫病，其发病率和死亡率高达80%。鸡感染球虫病后，鸡肠道的上皮组织内寄生的球虫吸收肠道黏膜上的营养分子，导致肠道损伤和肠道上皮组织被破坏，使得消化系统衰弱，影响鸡对营养物质的吸收，降低鸡的抵抗力，继而增加其他疾病的感染率，导致鸡的死亡率升高，治愈率下降。即使病愈，鸡的生长也会受到抑制，增重十分缓慢且极易反复感染鸡球虫病，产蛋能力降低，给养殖户和农牧民造成极为严重的经济损失。

（二）鸡球虫病的诊治

1.鸡球虫病流行情况

（1）周龄与鸡球虫病的流行情况有关

鸡是各种球虫的天然宿主之一，鸡球虫病的流行情况也具有一定的规律。2周龄以下的鸡不易感染，鸡球虫病一般暴发于3～6周的雏鸡和成年鸡。由于雏鸡的抵抗力较弱，通过被鸡的粪便污染的饲料、水源和用具等，极易摄入孢子化卵囊，导致感染鸡球虫病。孢子化卵囊的外壳极为坚硬，对外部的环境条件和消毒用品具有极强的抵抗力。

（2）鸡球虫病与气候条件有关

鸡大范围地暴发鸡球虫病的时间与气温和降水量有密切关系，通常多在温暖的季节流行。每年4月、5月为养鸡户的育雏时节，这时的气候多为梅雨时节，降水量较多，气候较为湿润，气候多温暖。由于鸡舍较为潮湿阴暗，卫生条件差，环境条件差，营养不达标等原因，雏鸡的抵抗力大幅度减弱，易大范围感染鸡球虫病。

2.临床症状

（1）外表观察

鸡感染鸡球虫病后容易精神不振，双眼无神，食欲降低，饮欲不振，饮多食少，羽毛蓬松化，翅膀下垂，体质消瘦，肌肉苍白，且经常性缩毛呆立。除此之外，鸡冠变得苍白，腿和尖喙退化成白色或浅黄色，排便动作频繁，排出的粪便带有浅红色的血液，粪便含水量高，且肛门周围的毛沾染大量的污液粪便。

（2）内脏解剖

肝脏、肠道变得十分肿大，肠淋巴结肿大，盲肠颜色呈绿色，小肠颜色暗红，肠壁变厚，肠内充血，含有大量的血凝块和血液，胆管组织被破坏，胆汁浓稠，且肝脏内部含有大量的孢子化卵囊和裂殖体、裂殖子。

3.诊治

根据鸡球虫病的流行规律，对鸡的临床症状观察以及对感染鸡的病原检查，可以对鸡患有鸡球虫病做出确诊。

将已感染鸡球虫病已死亡的幼鸡剖开，可以发现盲肠变得肿大且呈现绿色，小肠充满血液，颜色暗红；取其肿胀盲肠切开，放入切片内，在400倍显微镜下观察，可以发现盲肠壁的黏稠物上分布着大量圆形和椭圆形裂殖子，且能够观察到孢子化卵囊的壁十分坚硬。或采用用饱和盐水法，将1g已感染鸡球虫病的鸡粪便放入饱和盐水中，可以发现鸡球虫卵囊浮于盐水表面。

（三）预防措施

1. 药物治疗法

当急性鸡球虫病暴发时，可以采用药物治疗法，选用抗鸡球虫病效果较高的妥曲珠利、盐霉素钠、青霉素G钾等药物，或者采用以奈喹酯为主要成分的喹诺啉药物，能够有效降低鸡球虫的存活率，从而达到杀灭球虫的效果。但是由于艾美尔球虫能够快速分裂，为抑制球虫卵活化，可以喂服一些草药，如鸦胆子等中药材，可以有效地抑制球虫卵的活性，降低分裂速度，从而降低球虫病复发的概率，继而提高鸡的存活率，减少养鸡户的经济损失。

因为不能正确预计鸡球虫病发生的时间，应为小于40日龄的雏鸡接种免疫鸡球虫疫苗，使雏鸡产生抵抗力。当鸡球虫病暴发时，鸡群出现症状并且消化系统、肝脏组织被损害时，实施治疗的时间不能晚于感染后的4天，否则药物治疗往往不会起太大作用，不能降低鸡的死亡率和感染率。

2. 加强对鸡群生存生长环境的治理

在鸡粪遍布的环境内，鸡粪极易污染鸡的吃食、饮水等，并且能够污染其他的动植物、土壤、用具以及管理人员，这些就为鸡球虫病的传播提供了便利渠道。因此加强对鸡舍内外部环境的治理是十分必要的。

首先，对鸡舍进行定期的消毒和彻底打扫，净化环境，将雏鸡与产蛋鸡分开饲养，将出现感染症状的鸡或未感染的鸡分开饲养，降低鸡感染球虫病率，保证饲养密度处于合理范围内。

其次，注意鸡舍的通风、干燥，为鸡的成长生存营造出一个良好的饲养环境，定期清理鸡的粪便，妥善处理死鸡，禁止随地掩埋。

最后，给鸡群提供营养丰富的饲料，有利于提高鸡群的健康值，提高对鸡球虫病的免疫能力，降低鸡的死亡率。

3. 加强对鸡群的监管

通过安装摄像头等监测设备，及时观察获取鸡的健康状况，对感染鸡球虫病的鸡进行紧急治疗，以降低鸡群的死亡率。且加强对鸡舍的监管，一方面可以对感染鸡球虫病的鸡进行隔离监测，获取最新观察情况，做出最新最合适的治疗方案，降低鸡群的死亡率；另一方面可以预防偷窃现象的发生，作为证据，提高警方的查案速度，及时追回损失，减少养殖户的经济损失。

三、鸡禽流感的诊断与防治

禽流感是由 A 型流感病毒引起的禽类传染病，也被称为"欧洲鸡瘟"。此病毒不仅有较多的血清型，而且其毒株容易变异，因此预防和治疗禽流感难度较大。高致病性禽流感具有疫情蔓延迅速，高死亡率和较大的生产危害等特点。1878 年，该疾病在意大利首次发现，目前几乎在全世界均有发生，在 20 世纪 90 年代以后，禽流感的发病频率不断增加，蔓延范围更大，不仅对家禽业构成了巨大的威胁，而且一些具有很强的致病性毒株的 A 型流感病毒，也可能导致人类患禽流感，因此引起国内外各界的高度关注。

（一）禽流感的类型及流行病学特征

1. 禽流感的类型

禽流感可分为 3 类，高致病性禽流感、低致病性禽流感和非致病性禽流感。其中，高致病性禽流感最为严重，发病率和死亡率非常高，鸡群感染后死亡率可以高达 90% 以上；低致病性禽流感可使禽类产生轻微的呼吸道症状，采食量下降，产蛋量下降，出现零星死亡；非致病性禽流感通常不会引起明显的疾病症状，只会使家禽感染疾病后产生病毒抗体。

2. 传染源

禽流感的传染源非常广，可以引起疾病传染的传染源包括具有迁徙习性的鸟类、感染或发病的家禽和水禽等。尤其是具有迁徙习性的鸟类，其禽流感病毒可以随感染疾病鸟类的迁徙路线进行传播，导致禽流感的疫情在不同地方同时暴发。

3. 传播途径

该病的发生主要是通过接触感染禽类或其排泄物、分泌物和其他污染物而引起的，经消化道、呼吸道及皮肤损伤等多种途径传播。最常见的是通过呼吸道的传播，随着家禽的呼吸，存在于空气中的病毒粒子就经呼吸道感染家禽。与患禽流感的病鸡接触过的蛋筐、蛋盘、运输工具等，也能造成直接或者间接的感染。

4. 流行特点

禽流感的潜伏期不定，时间从数小时到数天，最长可达 21 天。流感病毒本身的毒力是禽类发病和死亡的直接决定因素，往往高致病力的毒株传染性更强，且发病率和死亡率高。该病在一年四季均可流行，特别是在冬春两季禽类最易感。该病发病急、传播快，各种日龄的鸡均可感病。

5. 禽流感的主要临床症状

（1）高致病性禽流感的主要临床症状

潜伏期较短，发病初期无明显临床症状，表现为突然暴发，患病鸡常无明显症状而突然死亡。病程稍长时，病鸡体温升高、精神沉郁、采食量减少或绝食，扎堆、羽毛逆立、头部、脸部水肿，常伴有咳嗽、打喷嚏、流泪，神经紊乱和腹泻，鸡冠、肉髯有紫黑色肿胀或坏死，产蛋量下降，易产软壳蛋，偏头歪颈，脚趾肿胀，并有圆圈运动的症状。在高致病力病毒感染时，发病率和死亡率可达 100%。

病鸡剖检，可见眼结膜出血和溃疡、消化道黏膜出血，以及斑点或条纹状坏死等特征性病理变化。

（2）低致病性禽流感的临床症状

鸡群采食量减少，精神不振，出现呼噜、喘、甩鼻等一般性呼吸道症状。蛋鸡产蛋率下降 15% ~ 20%，鸡蛋颜色稍有变化。排白、褐绿色粪便。若与非典型新城疫、传染性支气管炎、大肠杆菌病混合感染，死亡率可达 10% ~ 20%，肉食鸡感染后死亡率更高。

6. 实验室诊断

对于鸡禽流感传统的病原学诊断的一般方法是利用鸡胚进行病毒分离，采用血凝实验和血凝抑制试验进行鉴定。近些年来，随着免疫学和分子生物学技术的快速发展，鸡禽流感的诊断技术也逐渐完善，这些技术被大量应用于鸡禽流感的诊断。现在已经有 PCR 技术、聚合酶链反应、核酸探针技术等。检验是否是高致病性禽流感病毒，除了进行 HA 亚型鉴定外，还需要做细胞培养、动物试验或做裂解位点的序列分析等方法进行判断。

鸡禽流感的确切诊断方法常依赖于病毒的分离和鉴定。鸡禽流感病毒感染的症状和病变非常广，临床诊断一般为假定性，确诊必须依靠病毒的分离、鉴定以及血清学试验。病毒的致病性必须通过人工静脉接种无特定病原鸡来最后确定。鉴别诊断时应注意与新城疫、其他慢性呼吸道病、减蛋综合征和其他细菌疾病的区分，以及考虑与常见禽流感病毒与支原体或大肠杆菌病等的并发感染。

（二）禽流感临床鉴别诊断

1. 与新城疫的鉴别

患禽流感或新城疫的病鸡均有羽毛松乱、翅膀下垂、精神沉郁、嗜睡、鼻腔内分泌物增多的症状，常伴有偏头歪颈、脚趾肿胀、头部圆圈运动、呼吸困难等。禽流感病鸡常见胰脏坏死、出血、脚鳞出血、肿头，而新城疫一般不出现上述症状。发生新城疫时常可通过实验室方法监测到其抗体的异常变化，如抗体水平极不整齐等，一般新城疫与禽流感都通过监测鸡抗体变化进行鉴别诊断。

2. 与其他慢性呼吸道病的鉴别

低致病性或高致病性禽流感病鸡以呼吸道症状为主，上呼吸道炎症相对比较明显，排青色粪便，死亡率一般超过 30%。而慢性呼吸道病也有呼吸道症状，但以严重的心包炎和气囊炎为主，心包膜增厚，气囊上常见黄白色干酪样物，该病对某些抗生素敏感。

3. 与减蛋综合征的鉴别

产蛋鸡感染低致病性禽流感病毒时会引起产蛋率急剧下降，出现呼吸道炎症，死亡率不高，病鸡产下的蛋可见蛋壳颜色变浅或呈花斑状，有部分畸形蛋和软壳蛋产出，但数量较少。而减蛋综合征病鸡没有呼吸道症状，主要症状表现为产蛋率达不到高峰，产出的蛋以畸形蛋、软壳蛋为主。

4. 与大肠杆菌病的鉴别

感染禽流感的禽类通常会出现分泌物，形态为白色或乳白色豆腐渣样状态，无弹性，易碎，轻轻触碰就会掉落；而患大肠杆菌病的病鸡与禽流感的分泌物状态区别比较大，一般为黄色或黄白色纤维素性物质，具有弹性。禽流感对采食量影响较大，最严重的时候可使鸡的采食量下降 30% ~ 50%；而大肠杆菌病对采食量几乎没影响。

（三）禽流感的预防

因为高致病性禽流感对人类也有高危害性，所以要长期坚持做好高致病性禽流感程序免疫，结合各场实际适时开展其他重点疾病的程序免疫，如新城疫、传染性法氏囊病、马立克氏病、鸡传染性支气管炎、鸡传染性喉气管炎等。因为这几种重点疫病在临床上是相互影响的，一旦受到温度、湿度、营养、管理等多种因素应激，极可能诱发病交叉感染，所以，鉴于这几种重点疫病的高危害性、混合型感染等特点，免疫接种要坚持不漏其中任何一个病种，认真制定合理免疫程序，全面实施免疫。

1. 加强日常饲养管理

加强日常饲养管理可以保护易感鸡群。结合该病低温呈高发的特点，则需提前主动采取针对措施。

① 在低温季节注意防寒，防贼风入舍。每日做好清洁卫生，及时清除粪便等污物，洒水清扫地面，减少各类病原菌诱发病害的可能。鸡舍利用暖风机等保持温度在13℃以上，并通过风机和侧窗定时促进鸡舍内空气对流、换气，2~3次/小时。

② 保证鸡的日粮营养全价，提高维生素、微量元素、粗蛋白的用量，增强鸡群整体抗应激能力和抵抗力。

③ 使用抗病毒类药物拌料或饮水预防，可选药材有多西环素、复方病毒克星和板蓝根等。多西环素饮水添加0.5%~1%，氟苯尼考饮水添加0.2%~0.5%，其中，氟苯尼考可代替抗生素控制对呼吸道、消化道的可疑性继发感染，多西环素可抗病毒。

④ 随鸡的生长发育，应适时疏散群体，降低鸡饲养密度，能够有效降低发病率。

2. 对养殖环境严格消毒

严格执行生物安全措施，加强禽场的防疫管理，禽场门卫严格控制厂区人员的进出，鸡舍门口要设火碱消毒池，进出脚踏火碱池，每天更换消毒药物，谢绝非饲养人员参观，严禁外人进入禽舍，工作人员出入要洗澡并更换消毒过的胶靴、工作服，用具、器材、车辆要定时进行消毒。禽舍和周围环境的消毒可选用烟水消（主要成分二氯异氰尿酸钠）用强力喷雾器作动力进行喷洒消毒。鸡舍带鸡消毒可选用双链季铵盐类消毒剂，每周至少消毒3次。粪便等污物要集中作无害化处理，通过稻壳粉处理粪便并填埋；同时消灭禽场的蝇蛆、猫、老鼠、野鸟等各种传播媒介。建立严格的检疫机制，种蛋、雏鸡等禽产品的引入，要经过兽医检疫；新进的雏鸡应先隔离饲养，确定无病者方可入群饲养；严禁从疫区或可疑地区引进家禽或禽制品；从疫区或可疑地区的人员入场，要洗澡多次，消毒并隔离7天以上方可入场。

3. 定期做好免疫注射

在受高致病性禽流感威胁的地区应在当地兽医管理部门的指导下进行疫苗的免疫接种，定期进行血清学监测。

蛋鸡的建议免疫程序：1周龄为首免，剂量为0.3mL，颈部皮下注射；8周龄为二免，剂量为0.5mL，胸部肌内注射；15周龄为三免，剂量为0.5~0.8mL，胸部或腿部肌内注射；3~4个月为免疫期，效价降至5时，加强免疫，剂量为0.8~1mL，胸部或腿部肌内注射。

疫苗类型：前期新流二联苗或流感二联苗，产蛋前期 H5、H9 单苗。

肉鸡的建议免疫程序：7～10 日龄，用新流二联苗或流感二联苗，剂量为 0.3mL，颈部皮下注射。

（四）禽流感发病后应采取的措施

① 坚持防控方针，高致病性禽流感被世界动物卫生组织定义为 A 类传染病，我国规定为一类动物传染病。为了防止疫情的蔓延，我们必须坚决依照《中华人民共和国动物防疫法》和《国家高致病性禽流感应急预案》规定的要求严格执行。当确认为高致病性禽流感后，必须要立即封锁疫区，对疫区所有家禽及周围的动物进行扑杀，对扑杀的家禽和动物做焚烧后深埋处理，对污染的环境要进行彻底的消毒，对疫区周围 5km 范围内的所有易感禽类实施紧急疫苗免疫接种，建立免疫隔离带，并逐步将所有易感家禽进行免疫接种，确保疫情迅速得到有效控制，不蔓延周边。疫苗接种只用于尚未感染高致病性禽流感病毒的健康鸡群。紧急免疫接种时，必须在兽医人员的指导下进行。

② 除了高致病性禽流感不可医治，必须坚持国家强制免疫和扑杀、无害化处理政策外，其他柔和型鸡禽流感病可参照鸡呼吸道疾病和流行感冒症的治疗方法来进行防治，原则是结合该病毒的发病特点、临床症状来对症施治。治疗要点：重点使用抗病毒药物，以抗生素等相关药物进行控制，防治继发性感染，治疗期要结合上述的综合防治措施。对于重症，以抗病毒金针 20mL，稀释头孢噻呋钠或复方青霉素 2g，每只成年鸡胸部肌内注射 2～3mL，1 天注射一剂，连续注射 3 天，雏鸡用量根据情况减少，中间要严格配合综合防治措施。

③ 目前，用新型制剂"新流"注射液 20mL 稀释头孢类制剂（头孢噻呋钠、头孢氨苄西林钠等）2g，在患病鸡胸肌内注射，2～3mL/剂，1 天注射一剂，连 1～3 天，24 小时以内见效；当症状得到明显缓解后，次日以"新流"粉剂饮水添加随饮，直至痊愈。中间仍要配合综合防治措施，治疗效果确切。

四、鸡传染性支气管炎的诊断治疗及预防措施

鸡传染性支气管炎是由传染性支气管炎病毒引起的鸡的一种急性高度接触性呼吸道传染病。其临诊特征是呼吸困难、发出啰音、咳嗽、张口呼吸、打喷嚏。如果病原不是肾变型毒株或不发生并发病，死亡率一般很低。产蛋鸡感染通常表现产蛋量降低，蛋的品质下降。本病广泛流行于世界各地，是养鸡业的重要疫病。

（一）流行病学

本病仅发生于鸡，其他家禽均不感染。各种年龄的鸡都可发病，但雏鸡最为严重，死亡率也高，一般以 40 日龄以内的鸡多发。本病主要经呼吸道传染，从呼吸道排出病毒，经空气飞沫传给易感鸡。也可通过被污染的饲料、饮水及饲养用具经消化道感染。本病无季节性，传染迅速。几乎在同一时间内有接触史的易感鸡都发病。

（二）临床症状

潜伏期 36 小时或更长一些，平均 3 天。由于病毒的血清型不同，鸡感染后出现不同

的症状。主要有呼吸型、肾型、腺胃型。

1. 呼吸型

病鸡无明显的前驱症状，常突然发病，出现呼吸道症状，并迅速波及全群。幼雏表现为伸颈、张口呼吸、咳嗽，有"咕噜"音，尤以夜间最清楚。随着病情的发展，全身症状加剧，病鸡精神萎靡，食欲废绝、羽毛松乱、翅下垂、昏睡、怕冷，常拥挤在一起。两周龄以内的病雏鸡，还常见鼻窦肿胀、流黏性鼻液、流泪等症状，病鸡常甩头。产蛋鸡感染后产蛋量下降 25%～50%，同时产软壳蛋、畸形蛋或砂壳蛋。

2. 肾型

感染肾型支气管炎病毒后，病鸡的典型症状分三个阶段。

第一阶段是病鸡表现轻微呼吸道症状，鸡被感染后 24～48 小时，气管开始发出啰音，打喷嚏及咳嗽，并持续 1～4 天，这些呼吸道症状一般很轻微，有时只有在晚上安静的时候才听得比较清楚，因此常被忽视。

第二阶段是病鸡表面康复，呼吸道症状消失，鸡群没有可见的异常表现。

第三阶段是受感染鸡群突然发病，并于 2～3 天内逐渐加剧。病鸡挤堆、厌食，排白色稀便，粪便中几乎全是尿酸盐。在严重病例中，白色尿酸盐沉积可见于其他组织器官表面。

3. 腺胃型

近几年来，有关腺胃型传染性支气管炎的报道逐渐增多，其主要表现为病鸡流泪、眼肿、极度消瘦、拉稀，并伴有呼吸道症状，发病率可达 100%，死亡率 3%～5% 不等。

（三）病理变化

呼吸型主要病变见于气管、支气管、鼻腔、肺等呼吸器官。表现为气管环出血，管腔中有黄色或黑黄色栓塞物。幼雏鼻腔、鼻窦黏膜充血，鼻腔中有黏稠分泌物，肺脏水肿或出血。患鸡输卵管发育异常，变细、变短或成囊状。产蛋鸡的卵泡变形，甚至破裂，致使成熟期不能正常产蛋。

病鸡患肾型传染性支气管炎时，肾脏肿大，呈苍白色，肾小管充满尿酸盐结晶，扩张，外形呈白线网状，俗称"花斑肾"。严重的病例在心包和腹腔脏器表面均可见白色的尿酸盐沉着。有时还可见法氏囊黏膜充血、出血，囊腔内积有黄色胶冻状物；肠黏膜呈卡他性变化，全身皮肤和肌肉发绀，肌肉失水。

病鸡患腺胃型传染性支气管炎时，腺胃肿大如球状，腺胃壁增厚，黏膜出血、溃疡，胰腺肿大，出血。

（四）诊断

根据流行特点、症状和病理变化，可做出初步诊断。进一步确诊则有赖于病毒分离、干扰试验、气管环培养、血清学诊断等做出确诊。本病在鉴别诊断上应注意与鸡新城疫、鸡传染性喉气管炎及传染性鼻炎相区别。患鸡新城疫时一般发病严重，在雏鸡常可见到神经症状；鸡传染性喉气管炎的呼吸道症状和病变则比鸡传染性支气管炎严重；传染性喉气管炎很少发生于幼雏，而传染性支气管炎则幼雏和成年鸡都能发生；传染性鼻炎的病鸡常见面部肿胀，这在本病是很少见到的。肾型传染性支气管炎常与痛风相混淆，痛风时一般无呼吸道症状，无传染性，且多与饲料配合不当有关，通过对饲料中蛋白的分析、钙磷分析即可确定。

（五）防治

1. 预防

（1）加强管理

加强饲养管理，降低饲养密度，避免鸡群拥挤，注意温度、湿度变化，避免过冷、过热。加强通风，防止有害气体刺激呼吸道。合理配比饲料，防止维生素尤其是维生素 A 的缺乏，以增强机体的抵抗力。

（2）适时接种疫苗

对呼吸型传染性支气管炎，首免可在 7 ~ 10 日龄用传染性支气管炎 H120 弱毒疫苗点眼或滴鼻；二免可于 30 日龄用传染性支气管炎 H52 弱毒疫苗点眼或滴鼻；开产前用传染性支气管炎灭活油乳疫苗肌内注射 0.5mL/ 只。

对肾型传染性支气管炎，可于 4 ~ 5 日龄和 20 ~ 30 日龄用肾型传染性支气管炎弱毒苗进行免疫接种，或用灭活油乳疫苗于 7 ~ 9 日龄颈部皮下注射。

对传染性支气管炎病毒变异株，可于 20 ~ 30 日龄、100 ~ 120 日龄接种 4/91 弱毒疫苗或皮下及肌内注射灭活油乳疫苗。

2. 治疗

本病目前尚无特异性治疗方法。改善饲养条件，增加多维素的饲用量，降低鸡群密度，饲料或饮水中添加抗生素对防止继发感染具有一定的作用。可使用家禽基因工程干扰素注射并加丁胺卡那注射液 100mL/500 只，加 2mg 地塞米松注射液 30mL/500 只，加利巴韦林注射液 30mL/500 只，混合肌内注射。对肾型传染性气管炎，降低饲料中蛋白的含量并注意补充钾元素和钠元素，具有一定的治疗作用。

第六章 鸭的养殖与日常诊疗

第一节 鸭的日常饲养管理技术

一、鸭的品种与场址选择

（一）鸭的品种选择

1. 优秀蛋鸭品种介绍

比较起来看，当前国内饲养的蛋鸭品种，以绍兴鸭、金定鸭和咔叽·康贝尔鸭这3个品种的生产性能较优秀。

（1）绍兴鸭

绍兴鸭是我国最优秀的高产蛋鸭品种之一，全称绍兴麻鸭，又称山种鸭、浙江麻鸭，原产浙江省绍兴、萧山、诸暨等市县。该品种具有产蛋多、成熟早、体型小、耗料省等优点，是我国蛋用型麻鸭中的高产品种之一，较适宜做配套杂交用的母本。该品种既可圈养，又适于在密植的水稻田里放牧。现分布浙江全省、上海市郊以及江苏省的太湖地区。

外貌特征：体躯狭长，喙长颈细，臀部丰满，腹略下垂，站立或行走时前躯高抬，躯干与地面呈 45° 角，具有蛋用品种的标准体型，属小型麻鸭。全身羽毛以褐色麻雀羽为基色，但因类型不同，在颈羽、翼羽和腹羽有些差别，可将其分为带圈白翼梢和红毛绿翼梢两种类型，而同一类型公鸭和母鸭的羽毛也有区别，现分别介绍如下。

① 带圈白翼梢。最明显的特征是颈中部有 2 ~ 4cm 宽的白色羽圈，主翼羽白色，腹部中下部羽毛白色。虹彩（鸭羽毛表面的衍射作用产生的彩色）灰蓝色，喙橘黄色，喙豆白色，胫、蹼橘红色，爪白色，皮肤淡黄色。公母鸭除具有以上共同特征外，公鸭的羽毛以深褐色为基色，头部和颈上部墨绿色，性成熟后有光泽，公鸭在尾羽中央有 2 ~ 4 根向上卷曲，称雄性羽，又称卷羽；母鸭的羽毛以浅褐色麻雀羽为基色，全身布有大小不等的黑色斑点。

② 红毛绿翼梢。这个类型的特征是，颈部无白色羽圈，虹彩褐色，喙灰黄色，喙豆黑色，胫、蹼黄褐色，爪黑色，皮肤淡黄色。公鸭羽毛以深褐为基色，头部和颈上部墨绿色，性成熟后有光泽；母鸭以深褐色麻雀羽为基色，腹部褐麻色，无白羽，翼羽墨绿色，闪闪发光，称为镜羽。

（2）金定鸭

金定鸭是青壳蛋品种，青壳率100%，蛋个较大（绍兴鸭和咔叽·康贝尔都是白壳蛋品种）。金定鸭的体型比绍兴鸭大，比咔叽·康贝尔略小，饲料消耗量比绍兴鸭多一些。金定鸭的原产地在福建省九龙江入海处的浒茂三角洲，长期在松软平坦的海滩上放牧，对海涂环境有良好的适应性，觅食能力强，非常适合在沿海地区及具有较好放牧条件的地方饲养。

外貌特征：属小型蛋用品种，体躯狭长，前躯昂起。

公鸭：头部和颈部羽毛墨绿色，有光泽；背部羽毛灰褐色，胸部红褐色，腹部灰白色；主尾羽黑褐色，性羽黑色并略上翘；喙黄绿色，虹彩褐色，胫、蹼橘红色，爪黑色。

母鸭：全身披赤褐色麻雀羽，并有大小不等的黑色斑点，背部羽毛从前向后逐渐加深，腹部羽色较淡，颈部羽毛褐色无黑斑，翼羽深褐色；喙青黑色，虹色褐色，胫、蹼橘黄色，爪黑色。

（3）咔叽·康贝尔

咔叽·康贝尔鸭是外来品种，有黑色、白色和黄褐色3个品种，我国是从荷兰引进的黄褐色康贝尔鸭。它与上述两个品种不同的是，其体型较大，近似于兼用品种，鸭肉质鲜美，产蛋性能较稳定，性情温顺，不易受外界环境影响而产生应激，适于圈养，现已在全国各地推广。

外貌特征：体型较国内蛋鸭品种稍大，体躯宽而深，背宽而平直，颈略粗，眼较小，胸腹部发育良好，体型外貌与我国的蛋用品种有明显的区别，近似于兼用种体型。雏鸭绒毛深褐色，喙、胫黑色，长大后羽色逐渐变浅。

成年公鸭：羽毛以深褐色为基本色，头、颈、翼、肩和尾部均为带有黑色光泽的青铜色，喙绿蓝色，胫、蹼橘红色。

成年母鸭：全身羽毛褐色，没有明显的黑色斑点，头部和颈部的羽色较深，主翼羽也是褐色，无镜羽；喙灰黑色或黄褐色，胫、蹼灰黑色或黄褐色。

2.蛋鸭的地域选择

上述品种，除咔叽·康贝尔鸭外，绍兴鸭和金定鸭的原产地都在南方，北方地区引进这些品种要对本地环境进行分析。

南方和北方自然环境方面的差异主要是气候条件不同。南方平均气温高，夏季炎热，北方平均气温低，冬季寒冷；南方多雨潮湿，北方少雨干燥；南方农村主要栽培作物是水稻，放牧的场地大都是江河湖泊和水稻田；北方农村主要栽培的是麦类、玉米和大豆等旱地作物，放牧环境与南方差别较大。

蛋鸭与瘤头鸭不同，它对气候的适应能力较强，南方夏季的高温也能适应，北方的夏季更没有问题了，因此从气候条件分析，北方饲养蛋鸭主要是在冬季，当室外气温降至零下时，必须停止放牧，当室内温度低于5℃时，要进行加温保温，只要能保持10～15℃的室内温度，冬季仍然可以达到85%左右的产蛋率。

从放牧的自然环境看，春夏秋三季在北方也是可以放牧的，但要经过调教。只有掌握放牧的技术要领，才不会出问题。冬季北方气温太低，必须停止放牧，改为室内圈养。

综合起来看，南方蛋鸭在北方饲养，只要冬季适当保温，是能够适应的。采用的饲养方式以圈养为宜；如果是放牧饲养，冬季也要停止放牧。北方要养好蛋鸭，关键是掌握蛋鸭的习性，采用的一整套饲养管理技术要合理正确，才能达到高产的目的。

3.根据市场需要选择良种

什么叫根据市场需要选择良种？举例来说，白壳蛋和青壳蛋，这与产蛋率的高低没有关系，也和蛋的营养价值没有关系，但和经济效益有密切关系。因为有些地区群众喜欢青壳的鸭蛋，每个蛋的零售价比白壳蛋高 0.05 ~ 0.1 元，按 1 只鸭年产蛋 300 个计算，在同样条件下，青壳比白壳增收 15 ~ 30 元，效益是很可观的。又如，有的地区养鸭，主要是加工皮蛋和咸蛋，出售时按个数计价，而不是按重量计价，因此商人在收购时，每千克售价小蛋比大蛋高出 30% ~ 50%，因而小蛋很畅销，造成大蛋品种很难推广。类似情况，如孵化厂收购种蛋时，有的专拣小蛋收，因为无论大蛋或小蛋，每个受精蛋都只能孵出一只小鸭，而小鸭出售是按只计价的。所以在选择优良品种时，除了考虑生产性能这个主要因素外，还必须考虑到当地市场的特殊需要。只有把两者结合起来，通盘考虑，才能获得最佳效益。

（二）养鸭场和鸭舍的建设

1.养鸭场址的选择

（1）位置

场地应靠城镇近郊，一般距城镇 5 ~ 10km，方便为城镇居民提供鲜蛋、肉鸭。鸭舍不污染周围环境，周围环境不污染鸭场。距离交通主干线不少于 300m，距离一般道路 100m 以上。远离居民点、学校、厂矿、畜禽屠宰场、交易市场等，最好是靠近溪流、湖滨、池塘、水库的坡地。

（2）地势

养鸭场应地势高燥，排水良好，下雨不积水，融雪不存水，有利通风，向阳避风，地下水位应在 2m 以下。场地尽量躲避风口，力求冬暖夏凉，有利于防疫卫生。环境僻静，无污染，无噪声干扰。

（3）水源

鸭系水禽，每天用水量很大，尤以填鸭更为突出，每只填鸭最大饮水量是日粮的 4 倍。所以鸭场一定要靠近清洁的水源地。

（4）养鸭场的布局

养鸭场朝向，主要应考虑冬季防寒保温和夏季防暑的需要。整个鸭场朝向以朝南或朝向东南为好。管理区、生产区要合理布局。管理区宜设在鸭场上风向和地势较高地段，其余依次为生产区、病鸭管理区、粪污处理区。管理区与生产区应保持 200 ~ 300m 距离；生产区与病鸭管理区之间也应有 300m 以上距离；生产区距粪污处理区在 100m 以上，并严禁粪便四处堆放。生产区是鸭场的核心。鸭舍是生产区的主要建筑，应根据生产区间相互联系、产品销售、防疫灭病等因素全面考虑规划，并结合当地自然条件，如风向、地势、地形、光照等因素，进行合理布局。根据主风方向，依次按孵化室、育雏舍、育成鸭舍、成鸭（种鸭）舍顺序合理配置。即孵化室在上风向，成鸭舍在下风向。按此安排，雏鸭能得到新鲜空气，且减少雏鸭发病机会。干草与垫料的堆放，必须设在生产区的下风向，并与其他建筑物保持60m以上的防火间距。

2. 鸭舍设计

鸭舍宽度一般为8～10m，其长度视养鸭数量而定，内部的分隔可采用矮墙或竹栅。基本要求为坚固耐用、造价低廉，有防寒保温、防暑降温功能，并能防止老鼠与野兽对鸭的伤害。

（1）育雏舍

要求温暖干燥，通风向阳，保温性能良好，在无任何供热的情况下，育雏舍温度应保持在20～22℃。房檐高2.2～2.5m，内设天花板，以增加保温性能。窗与地面面积之比为1：（8～10），南窗距地面68cm，设置气窗，便于通风换气，北窗面积约为南窗1/2，距离地面1m左右，窗户和下水道通外的开口要安装铁丝网，以防兽害。根据育雏舍宽度与长度分成若干小间（栏、隔栏），网壁高30cm，每栏容纳雏鸭150～200只，每平方米饲养18～20只。食槽设在网内两侧或靠近外通道均可。

（2）育成鸭舍

因育成鸭对外界已有较好的适应能力，不像育雏舍要求那样严格，只要能达到遮雨防风、不跑鸭和不受野兽伤害便可以。

3. 种鸭场鸭舍建造方案

鸭舍采用全封闭饲养方式，地面平养，用稻壳做垫料。有夏季降温和冬季加热设施。在鸭舍向阳面开一些大玻璃窗，便于白天采光和冬天采暖，节约能耗。大玻璃窗下面靠近地面的地方需开一些小窗口，用于排地潮。鸭舍内背阴面设有饮水岛。鸭舍内地面设一个5°左右的坡度，南高北低，有利于排掉垫料中的水分。

4. 放养鸭舍的设计

放养鸭舍分临时性简易鸭舍和长期性固定鸭舍两大类。

我国东南各省的广大农村多在河塘边建造临时性简易放养鸭舍，这种简易棚舍投资省、建造快，经济实惠，保温隔热性能好，尤其是用草做屋顶，冬暖夏凉。草帘墙壁，夏天可卸下，通风凉爽；冬天可排得厚些、密些，甚至可在草帘上抹泥起到保温作用。

大规模的集约化饲养大都采用固定鸭舍。生产者可根据自己的条件和当地的资源情况选择合适的鸭舍。完整的放养鸭舍通常由鸭舍、鸭滩（陆上运动场）、水围（水上运动场）三个部分组成。

（1）鸭舍

鸭舍最基本的要求是遮阳防晒、阻风挡雨、防寒保温和防止兽害。鸭舍每间的深度8～10m，宽度7～8m，近似于方形，便于鸭群在舍内做转圈活动。绝对不能把鸭舍分隔成狭窄的长方形，否则鸭子进舍转圈时极容易踩踏致伤。

由于鸭的品种、日龄及各地气候不同，对鸭舍面积的要求也不一样。因此，在建造鸭舍计算建筑面积时，要留有余地，适当放宽计划；但在使用鸭舍时，要周密计划，充分利用建筑面积，提高鸭舍的利用率。

使用鸭舍的原则是：单位面积内，冬季可提高饲养密度，适当多养些，反之夏季要少养些；大面积的鸭舍，饲养密度适当大些，小面积的鸭舍，饲养密度适当小些；运动场大的鸭舍，饲养密度可以大一些，运动场小的鸭舍，饲养密度应当小一些。

（2）鸭滩

鸭滩，又称陆上运动场，一端紧连鸭舍，另一端直通水面，可为鸭群提供采食、梳理羽毛和休息的场所，其面积应超过鸭舍1倍以上。鸭滩略向水面倾斜，以利排水。鸭滩的地面以水泥地为好，也可以是夯实的泥地，但必须平整，不允许有坑坑洼洼，以免蓄积污水。有的鸭场把喂鸭后剩下的贝壳、螺蛳壳平铺在泥地的鸭滩上，这样，即使在大雨以后，鸭滩也不会积水，仍可保持干燥清洁。鸭滩连接水面之处，应做成一个倾斜的小坡，此处是鸭群入水和上岸必经之地，使用率极高。此处还受到水浪的冲击，很容易坍塌凹陷，必须要用块石砌好，浇上水泥，把坡面修得很平整坚固，并且深入水中（最好在水位最低的枯水期内修建坡面），使鸭群上下水很方便。此处不能为了省钱而草率修建，否则把鸭养上以后，会造成凹凸不平现象，招致伤残事故不断，造成重大经济损失。

鸭滩上种植落叶乔木或落叶的果树（如葡萄等），并用水泥砌成1m高的围栏，以免鸭子入内啄伤幼树的枝叶，同时防止浓度很高的鸭粪肥水渗入树的根部致使树木死亡。在鸭滩上植树，不仅能美化环境，而且还能充分利用鸭滩的土地和剩余的肥料，促进树木和水果丰收，增加经济收入，还可以在盛夏季节遮阳降温，使鸭舍和运动场的小环境比没有种树的地方温度下降3～5℃，一举多得，生产者对此要高度重视。

（3）水围

水围即水上运动场，就是鸭洗澡、嬉耍的运动场所。其面积不小于鸭滩，考虑到枯水季节水面要缩小，如条件许可，尽量把水围扩大些，有利于鸭群运动。

鸭舍、鸭滩、水围均需用围栏将其围成一体。围栏在陆地上的高度为60～80cm，水上围栏的上沿高度应超过最高水位50cm，下沿最好深入河底，或低于最低水位50cm。陆上运动场、水上运动场或戏水池要和鸭舍相对应分隔成若干部分，有利于种鸭的限饲。

二、蛋鸭的日常饲养管理技术

（一）雏鸭的饲养管理

蛋鸭的雏鸭是指0～4周龄的鸭。雏鸭饲养的成败直接影响到鸭群的发展、鸭场生产计划的完成、蛋鸭的生长发育以及今后种鸭的产蛋量和蛋的品质。在育雏期提高雏鸭的成活率是中心任务，在生产实际中，成活率的高低是衡量生产管理水平和技术措施的重要指标。刚出壳的雏鸭个体小、绒毛少、体温调节能力差、对外界环境的适应性差、抵抗力弱，若饲养管理不善，容易引起疾病，造成死亡。为此，从雏鸭出壳起，必须创造适宜的生活条件和精心地进行饲养管理。要培育好雏鸭，必须抓好以下几个环节。

1.雏鸭的来源

雏鸭应产自无疫情地区的种鸭场。若种鸭场或鸭场所在地区有雏鸭病毒性肝炎、鸭瘟等传染病发生，那么这个鸭场的种鸭所孵出的雏鸭，往往被感染。引进这种雏鸭，有可能导致发病，造成损失。

经济发达地区，饲料、饲养条件好，可以引进一些高产品种。因为高产品种鸭只有在饲养管理条件好时，其生产性能才能充分发挥。

要根据本地的自然饲养条件和采用的饲养方式选择蛋鸭品种。所谓饲养方式，是指放牧或圈养。圈养的可以引进高产的蛋鸭品种；而放牧饲养的要根据其自然放牧条件而定。在农田水网地区，要选善于觅食、觅食力强、善于在稻田之间穿行的小型蛋鸭，如绍兴鸭、攸县麻鸭等；在丘陵山区，要选善于在山地行走的小型蛋鸭，如福建的连城白鸭或山麻鸭等；在湖泊地区，湖泊较浅的可以选中、小型蛋鸭，若是放牧的湖泊较深，可选用善潜水的鸭；在海滩地区，则要选耐盐水的金定鸭或是莆田黑鸭，其他鸭种则很难适应。

2.育雏季节的选择

采用关养或圈养方式，依靠饲养人工管理的，原则上一年四季均可饲养，只是最好使其产蛋高峰期避开盛夏或严冬；而全期或部分靠放牧觅食天然饲料和农田的落谷的，就要根据自然条件和农田茬口来安排育雏的最佳时期。因此，育雏期的季节性很强。据育雏期不同，饲养的雏鸭一般可分为春鸭、夏鸭和秋鸭。

（1）春鸭

从春分到立夏，甚至到小满之间，即3月下旬至5月饲养的雏鸭为春鸭，而清明至谷雨前，即4月20日前饲养的春鸭为早春鸭。这个时期育雏的天气较冷，要注意保温。但是，育雏期一过，天气日趋变暖，自然饲料丰富，又正值春耕播种阶段，放牧场地很多，雏鸭可以充分利用觅食水生动植物，如螺蛳以及各种水草和麦田的落穗，不但生长快、饲料省，而且开产早，早春鸭可为秋鸭提供部分种蛋，其他春鸭可提供大量鸭蛋腌制成咸蛋和皮蛋。这样，当年饲养的春鸭，当年可得效益。

（2）夏鸭

从芒种至立秋前，即从6月上旬至8月上旬饲养的雏鸭，称为夏鸭。这期的特点是气温高、雨水多、气候潮湿、农作物生长旺盛、雏鸭育雏期短，不需要什么保温，可节省大量育雏设备和保温费用。6月上、中旬饲养的夏鸭，早期可以放牧稻秧田，帮助稻田中耕除草，可充分利用早稻收割后的落谷，节省部分饲料，而且开产早，当年可以得效益。但是，夏鸭饲养的前期气温闷热，管理上较困难，要注意防潮湿、防暑和防病工作。开产前要注意补充光照。

（3）秋鸭

从立秋至白露，即从8月中旬至9月饲养的雏鸭称为秋鸭。此期的特点是秋高气爽，气温由高到低逐渐下降，是育雏的好季节。秋鸭可以充分利用杂交稻和晚稻的稻茬地放牧，放牧的时间长，可以节省很多饲料，故成本较低。但是，秋鸭的育成期正值寒冬，气温低，天然饲料少，放牧场地少，要注意防寒和适当补料。过了冬天的日照逐渐变长，对促进性成熟有利，但仍然要注意光照的补充，促进早开产，开产后的种蛋可提供1年生产用的雏鸭。我国长江中下游大部分地区都利用秋鸭为种鸭。

3.育雏方式

（1）自温育雏

利用竹条或稻草编成的箩筐，或利用木盆、木桶、纸盒等作为育雏用具，内铺垫草，依靠雏鸭自身发生的热量来保持温度，并通过增加或减少覆盖物来调节温度。此法设备简单、经济，但温度很难掌握，管理麻烦，一般只适用于饲养夏鸭和秋鸭，而饲养早春鸭时的天气很冷，绝对不能采用，以免造成巨大的损失。应用此法育雏时，其覆盖物要留有通气孔，不能盖得太严密，以免不透气，而致使雏鸭闷死。所使用的保温用具，最好是圆形的，若是有棱角的保温用具，应将垫草边角内做成圆形，以免雏鸭挤死。

（2）加温育雏

用人工加温的方法达到雏鸭生活适宜的温度。基本上和雏鸡的育雏相同，只是温度要求不一样，是现代大批量育雏的基本方法。目前，大多数地区采用平面育雏，但在饲养量大的地区，也可采用网养和立体笼养的育雏方法。笼养育雏有许多优点：与平养比较，可提高单位面积的饲养量；笼育全在人工控制下饲养，不进行放牧，从而有利于防疫卫生，有效地防止一些传染病和寄生虫病发生，可提高育雏成活率；笼育可以充分利用育雏空间的热量。所以，可以节省燃料，同时可提高管理定额，减轻艰苦的放牧劳动，节约垫料，便于集约化的科学饲养和管理。

4.育雏的环境条件

蛋用鸭育雏的环境条件与肉用仔鸭相似，只是在温度、密度及光照控制方面略有不同。

（1）温度

刚出壳12～24小时的雏鸭，环境温度应保持在30～35℃（即接近或略低于孵化器温度）。对弱雏，冬季和夜晚可适当提高1℃。

3周龄以后，雏鸭已有一定的抗寒能力，如气温达到15℃左右，就可以不再人工给温。肉用仔鸭则要求一致保持在20℃左右。一般饲养的夏鸭，在15～20日龄可以完全脱温。饲养的春鸭或秋鸭，外界气温低，保温期长，需养至15～20日龄才开始逐步脱温，25～30日龄才可以完全脱温。脱温时要注意天气的变化，在完全脱温的头2～3天，如遇到气温突然下降，也要适当增加温度，待气温回升时，再完全脱温。

（2）密度

蛋用雏鸭的饲养密度如表6-1所示。

表6-1　蛋用型雏鸭平面饲养的密度只　　　　　单位：/m²

日龄	1～10	11～20	21～30
夏龄	30～30	25～30	20～25
冬龄	35～40	30～35	20～25

（3）光照

蛋用雏鸭光照控制的目的是控制蛋鸭的性成熟期，提高其产蛋量。合理的光照可促进雏鸭的生长发育，出壳后的前3天内要连续光照，以便雏鸭熟悉环境，保证生长均匀。7～10日龄的雏鸭，在天气允许的情况下，可多进行"日光浴"和间歇性光照，晚上不定时停电1小时。

5.雏鸭饲养管理要点

蛋用雏鸭的饲养管理与肉用仔鸭、肉用种鸭育雏期的饲养管理基本相同，结合蛋鸭半舍饲及放牧的特点，育雏期还应注意以下环节。

（1）适时"开青""开荤"

"开青"即开始喂给青绿饲料。饲养量少的养鸭户为了节约维生素添加剂的支出，往往采用补充青饲料的办法，弥补维生素的不足。青料一般在雏鸭"开食"后3～4天喂给。雏鸭可吃的青饲料种类很多，如各种水草、青菜、野菜等。一般将青料切碎单独喂给，也可拌在饲料中喂，以单独喂给好，以免雏鸭先挑食青料，影响精饲料的采食量。

"开荤"即给雏鸭开始饲喂动物性蛋白质饲料，指给雏鸭饲喂新鲜的"荤食"（如小鱼、小虾、黄鳝、泥鳅、螺蛳、蚯蚓和蛆等）。一般在5日龄左右就可"开荤"，先以黄鳝、泥鳅为主，日龄稍大些以小鱼、螺蛳和蛆为主。

（2）放水和放牧

放水要从小开始训练，开始的头5天可与"开水"结合起来，若用水盆给水，可以逐步提高水的深度，然后将水由室内逐步转到室外，即逐步过渡。连续几天，雏鸭就习惯下水了。若是人工控制下水，就必须掌握先喂料后下水，且要等待雏鸭全部吃饱后才放水。待习惯在陆上运动场下水后，就要引诱雏鸭逐步下水，到水上运动场或水塘中任意吃水、游嬉。开始时可以引3～5只雏鸭先下水，然后逐步扩大下水鸭群，以达到全部自然地下水，千万不能硬赶下水。雏鸭下水的时间，开始每次10～20分钟，逐步延长，可以上午、下午各一次，随着适应水上生活，次数也可逐步增加。下水的雏鸭上岸后，要让其在无风而温暖的地方理毛，使身上的湿毛尽快干燥后，进育雏室休息，千万不能让湿毛雏鸭进育雏室休息。

雏鸭能够自由下水活动后，就可以进行放牧训练。放牧训练的原则是：距离由近到远，次数由少到多，时间由短到长。

开始放牧时间不能太长，每天放牧两次，每次20～30分钟，就让雏鸭回育雏室休息。随着日龄的增加，放牧时间可以延长，次数也可以增加。适合雏鸭放牧的场地：稻秧棵田、慈姑田、荸荠田、水芋头田，以及浅水沟、塘等，这些场地水草丰盛，浮游生物、昆虫较多，便于雏鸭觅食。放牧的稻秧棵田，必须等稻秧返青活棵以后，在封行前、封行后，不能放牧。其他水田作物也一样，茎叶长得太高后，不能放牧。施过化肥、农药的水田、场地均不能放牧，以免鸭群中毒。

（3）及时分群

雏鸭分群是提高成活率的重要一环。

雏鸭在"开水"前，根据出雏的迟早、强弱分开饲养。笼养的雏鸭，将弱雏放在笼的上层、温度较高的地方。平养的要根据保温形式来进行，强雏放在近门口的育雏室，弱雏放在鸭舍中温度最高处。

第二次分群是在"开食"以后，一般在吃料后3天左右，可逐只检查，将吃食少或不吃食的放在一起饲养，适当增加饲喂次数，比其他雏鸭的环境温度提高1～2℃。同时，要查看是否有疾病，对有病的要对症采取措施，如将病雏分开饲养或淘汰。

再是根据雏鸭各阶段的体重和羽毛生长情况分群，各品种都有自己的标准和生长发育规律，各阶段可以抽称 5%～10% 的雏鸭体重，结合羽毛生长情况，未达到标准的要适当增加饲喂量，超过标准的要适当扣除部分饲料。

（二）育成鸭的饲养管理

育成鸭一般指 5～16 周龄或 18 周龄开产前的青年鸭，这个阶段称为育成期。

1. 育成鸭的特点

（1）体重增长快

以绍兴鸭为例，从绍兴鸭的体重和羽毛生长规律可见，28 日龄以后体重的绝对增长快速增加，42～44 日龄达到最高峰，56 日龄起逐渐降低，然后趋于平稳增长，16 周龄的体重已接近成年体重。

（2）羽毛生长迅速

仍以绍兴鸭为例，育雏期结束时，雏鸭身上还掩盖着绒毛，棕红色麻雀羽毛才将要长出；而到 42～44 日龄时，胸腹部羽毛已长齐，平整光滑，达到"滑底"；48～52 日龄青年鸭已达"三面光"；52～56 日龄，已长出主翼羽；81～91 日龄，腹部已换好第二次新羽毛；102 日龄，全身羽毛已长齐，两翅主翼羽已"交翅"。

（3）性器官发育快

青年鸭到 10 周龄后，在第二次换羽期间，卵巢上的滤泡也在快速长大，到 12 周龄后，性器官的发育尤其迅速，有些青年鸭到 90 周龄时才开始产蛋。为了保证青年鸭的骨骼和肌肉的充分生长，必须严格控制青年鸭过速的性成熟，对提高今后的产蛋性能是十分必要的。

（4）适应性强

青年鸭随着日龄的增长，体温调节能力增强，对外界气温变化的适应能力也随之加强。同时，由于羽毛的着生，御寒能力也逐步加强。因此，青年鸭可以在常温下饲养，饲养设备也较简单，甚至可以露天饲养。

随着体重的增长，青年鸭消化器官也随之增大，贮存饲料的容积增大，消化能力增强。此期的青年鸭杂食性强，可以充分利用天然动植物性饲料。在育成期，充分利用青年鸭的特点，进行科学的饲养管理，加强锻炼，提高生活力，使其生长发育整齐、开产期一致，为产蛋期的高产稳产打下良好基础。

2. 育成鸭的饲养方式

根据我国的自然条件和经济条件，以及所饲养的品种，其饲养方式主要有以下几种。

（1）放牧饲养

放牧饲养是我国传统的饲养方式。由于鸭的合群性好，觅食能力强，能在陆上的平地、山地和水中的浅水、深水中潜游觅食各种天然的动植物性饲料。放牧饲养可以节约大量饲料，降低成本，同时使鸭群得到很好锻炼，增强鸭的体质。根据我国的自然条件，放牧饲养可分为农田、湖泊、河塘、沟渠放牧和海滩放牧。

（2）全舍饲

育成鸭的整个饲养过程始终在鸭舍内进行，称为全舍饲圈养或关养。一般鸭舍内采用厚垫草（料）饲养，或是网状地面饲养，或是栅状地面饲养。由于吃料、饮水、运动和休息全在鸭舍内进行，因此，饲养管理较放牧饲养方式严格。舍内必须设置饮水和排水系统。采用垫料饲养的，垫料要厚，要经常翻松，必要时要翻晒，以保持垫料干燥。地下水位高的地区不宜采用厚垫料饲料，可选用网状地面或栅状地面饲养，这两种地面要比鸭舍地面高 60cm 以上，鸭舍地面用水泥铺成，并有一定的坡度（每米落差 6 ~ 10cm），便于清除鸭粪。网状地面最好用涂塑铁丝网，网眼为 24mm×12mm，栅状地面可用宽 20 ~ 25mm，厚 5 ~ 8mm 的木板条或 25mm 宽的竹片，或者是用竹子制成相距 15mm 空隙的栅状地面，这些结构都要制成组装式，以便冲洗和消毒。

这种饲养方式的优点是可以人为控制饲养环境，受自然界因素制约较少，有利于科学养鸭，达到稳产高产的目的；由于集中饲养，便于向集约化生产过渡，同时可以增加饲养量，提高劳动效率；由于不外出放牧，减少寄生虫病和传染病感染的机会，从而提高成活率。此法饲养成本较高。

（3）半舍饲

鸭群饲养固定在鸭舍、陆上运动场和水上运动场，不外出放牧。吃食、饮水可设在舍内，也可设在舍外，一般不设饮水系统，饲养管理不如全圈养那样严格。其优点与全圈养一样，减少疾病传染源，便于科学饲养管理。这种饲养方式一般与养鱼的鱼塘结合一起，形成一个良性循环。它是我国当前养鸭中采用的主要方式之一。

3.育成鸭的饲养管理

（1）饲料与营养

育成期与其他时期相比，营养水平宜低不宜高，饲料宜粗不宜精，目的是使育成鸭得到充分锻炼，使蛋鸭长好骨架。因此，代谢能只能含有 11 297 ~ 11 506kJ/kg，蛋白质为 15% ~ 18%。半圈养鸭尽量用青绿饲料代替精饲料和维生素添加剂，占整个饲料量的30% ~ 50%，青绿饲料可以大量利用天然的水草，蛋白质饲料占 10% ~ 15%。

（2）限制饲喂

放牧鸭群由于运动量大，能量消耗也较大，且每天都要不停地找食吃，整个过程就是很好的限喂过程，只是饲料不足时，要注意限制补充（饲喂）。而圈养和半圈养鸭则要重视限制饲喂，否则会造成不良的后果。限制饲喂一般从 8 周龄开始，到 16 ~ 18 周龄结束。当鸭的体重符合本品种的各阶段适当体重时，也不需要限喂。采用哪种方法限制饲喂，各种养鸭场可根据饲养方式、管理方法、蛋鸭品种、饲养季节和环境条件等定。不管采用哪种限喂方法，限喂前必须称重，每两周抽样称重一次，整个限制饲喂过程是由体重（称重）—分群—饲料量（营养需要）三个环节组成，最后将体重控制在一定范围，如小型蛋鸭开产前的体重只能在 1.4 ~ 1.5kg，超过 1.5kg 则为超重，会影响其产蛋量。表6-2是小型蛋鸭育成期各周龄的体重和饲喂量。

表 6-2　小型蛋鸭育成期各周龄的体重和饲喂量

周龄	体重（g）	平均喂料量（g/d）	周龄	体重（g）	平均喂料量（g/d）
5	550	80	12	1250	125
6	750	90	13	1300	130
7	800	100	14	1350	135
8	850	105	15	1400	140
9	950	110	16	1400	140
10	1050	115	17	1400	140
11	1100	120	18	1400	140

（3）分群与密度

分群可以使鸭群生长发育一致，便于管理。在育成期分群的另一原因是，育成阶段的鸭对外界环境十分敏感，尤其是在长毛阶段，饲养密度较高时，互相挤动会引起鸭群骚动，使刚生长的羽毛轴受伤出血，甚至互相践踏破皮出血，导致生长发育停滞，影响今后的开产和产蛋率。因而，育成期的鸭要按体重大小、强弱和公母分群饲养，一般放牧时每群为500～1 000只，而舍饲鸭主要分成200～300只为一小栏分开饲养。其饲养密度因品种、周龄而不同。一般5～8周龄，每平方米地面养15只左右；9～12周龄，每平方米12只左右；13周龄起，每平方米10只左右。

（4）光照

光照的长短与强弱也是控制育成鸭性成熟的方法之一。育成鸭的光照时间宜短不宜长。有条件的鸭场，育成鸭于8周龄起，每天光照8～10小时，光照强度为5lx，其他时间可用朦胧光照。

（三）产蛋鸭和种鸭的饲养管理

1. 产蛋鸭的特点

我国所饲养的蛋鸭品种的最大特点是失去就巢性，为提高和增加其产蛋量提供了极有利的条件。由于蛋鸭的产蛋量高，而且持久，小型蛋鸭的产蛋率在90%以上的时间可持续20周左右，整个主产期的产蛋率基本稳定在80%以上，远远超过鸡的生产水平。由于这种高产蛋能力，蛋鸭需要大量的各种营养物质，除维持鸭体的正常生命活动外，大多用于产蛋。因此，进入产蛋期的母鸭代谢很旺盛，为了代谢的需要，蛋鸭表现出很强的觅食能力，尤其是放牧的鸭群。产蛋鸭的另一个特点是性情温驯，在鸭舍内安静地休息、睡觉，不到处乱跑乱叫；生活和产蛋的规律性很强，在正常情况下，产蛋时间总是在下半夜的1～2点。鉴于蛋鸭在产蛋期的这些特点，在饲养上，要求最高水平的饲养标准和最多的饲料量；在环境的管理上，要创造最稳定的饲养条件，才能保证蛋鸭高产稳产，且蛋品优质，种用价值最高。

2. 产蛋鸭的环境条件要求

（1）饲养方式

产蛋鸭饲养方式包括放牧、全舍饲、半舍饲三种。半舍饲方式最为多见，而笼养极少见到。半舍饲时，每平方米鸭舍可饲养产蛋鸭7～8只。

（2）温度

鸭对外界环境温度的变化，有一定的适应范围，成年鸭适宜的环境温度是 5 ~ 27℃。由于禽类没有汗腺，当环境温度超过 30℃时，体热散发较慢，在高温的影响下，采食量减少，正常的生理机能受到干扰，就要影响蛋重、蛋壳质量，蛋白也稀薄，产蛋量下降，饲料利用率降低，种蛋的受精率和孵化率均会下降，严重时会中暑死亡。如环境温度过低，为了维持鸭体的体温，就要多消耗能量，降低饲料利用率，当温度继续下降，在 0℃以下时，鸭的正常生活受阻，产蛋率明显下降。产蛋鸭最适宜的外界环境温度是 13 ~ 20℃，此时期的饲料利用率、产蛋率都处于最佳状态。

（3）光照

在育成期，控制光照时间，目的是防止育成鸭过早成熟。当将进入产蛋期时，要逐步增加光照时间，提高光照强度，促使性器官的发育，达到适时开产。进入产蛋高峰期后，要稳定光照时间和光照强度，使之达到持续高产。

光照一般可分自然光照和人工光照两种。开放式鸭舍一般使用自然光照加上人工光照（常用电灯照明）解决，而封闭式鸭舍则采用人工光照解决。光照时间从 17 ~ 19 周龄就可以逐步开始加长，直至到 22 周龄后，达到 16 ~ 17 小时为止，以后维持在这个水平上。

在整个产蛋期内，其光照时间不能缩短，更不能忽长忽短。光照时间的延长可以采用等时制增加法，即每天可增加 15 ~ 20 分钟，产蛋期的光照强度，一般以 5lx 即可，日常使用的灯泡按每平方米鸭舍 1.3W 计算，当灯泡离地面 2m 时，一个 25W 的灯泡，就可供应 18m² 鸭舍的照明。

3.产蛋期的分期和饲养管理要点

根据绍兴鸭、金定鸭和卡基·康贝尔鸭产蛋性能的测定，150 日龄时产蛋率可达 50%，至 200 日龄时可达 90% 以上。在正常饲养管理条件下，高产鸭群高峰期可维持到 450 日龄左右，以后逐渐下降。因此，蛋鸭的产蛋鸭可分为以下四个阶段：150 ~ 200 日龄，产蛋初期；201 ~ 300 日龄，产蛋前期；301 ~ 400 日龄，产蛋中期；401 ~ 500 日龄，产蛋后期。

（1）产蛋初期和前期的饲养管理

当母鸭适龄开产后，蛋产量逐日增加。日粮营养水平，特别是粗蛋白质要随产蛋率的递增而调整，并注意能量蛋白比的适度，促使鸭群尽快达到产蛋高峰，达到高峰期后要稳定饲料种类和营养水平，使鸭群的产蛋高峰期尽可能保持长久些。此期内白天喂 3 次料，晚上 9—10 时给料 1 次。采用自由采食，每只蛋鸭每日约耗料 150g。此期内光照时间逐渐增加，达到产蛋高峰期自然光照和人工光照时间应保持 14 ~ 15 小时。在 201 ~ 300 日龄期内，每月应空腹抽测母鸭的体重，如超过或低于此时期的标准体重 5% 以上，应检查原因，并调整日粮的营养水平。

（2）产蛋中期的饲养管理

此期内的鸭群因已进入高峰期产量并持续产蛋 100 多天，体力消耗较大，对环境条件的变化敏感，如不精心饲养管理，难于保持高峰产蛋率，甚至引起换羽停产。这是蛋鸭最难养好的阶段。此期内的营养水平要在前期的基础上适当提高，日粮中粗蛋白的含量应达20%，并注意钙量的添加。日粮中含钙量过高会影响适口性，可在粉料中添加 1% ~ 2%的颗粒状壳粉，或在舍内单独放置碎壳片槽（盆），供其自由采食，并适量喂给青绿饲料或添加多种维生素。光照总时间稳定保持 16 ~ 17 小时。在日常管理中要注意观察蛋壳质量有无明显变化，产蛋时间是否集中，精神状态是否良好，洗浴后羽毛是否沾湿等，以便及时采取有效措施。

（3）产蛋后期的饲养管理

蛋鸭群经长期持续产蛋之后，产蛋率将会不断下降。此期内饲养管理的主要目标，是尽量减缓鸭群的产蛋率下降幅度，不要过大。如果饲养管理得当，此期内鸭群的平均产蛋率仍可保持 75% ~ 80%，此期内应按鸭群的体重和产蛋率的变化调整日粮营养水平和给料量。如果鸭群体重增加，有过肥趋势时，应将日粮中的能量水平适当下调，或适量增加青绿饲料，或控制采食量。如果鸭群产蛋率仍维持在 80% 左右，而体重有所下降，则应增加一些动物性蛋白质的含量。如果产蛋率已下降到 60% 左右，已难于使其上升，无须加料，应予及早淘汰。

4. 种鸭的饲养管理

我国蛋鸭产区习惯从秋鸭（8 月下旬至 9 月孵出的雏鸭）中选留种鸭。秋鸭留种正好满足次年春孵旺季对种蛋的需要。同时在产蛋盛期的气温和日照等环境条件最有利于高产稳产。由于市场需求和生产方式的改变，常年留种常年饲养的方式越来越多地被采用。种鸭饲养管理的主要目标是获得尽可能多的合格种蛋，能孵化出品质优良的雏鸭。

（1）养好公鸭

留种公鸭须按种公鸭的标准经过育雏期、育成期和性成熟初期三个阶段的选择，以保证用于配种的公鸭生长发育良好、体格强壮、性器官发育健全、精液品质优良。在育成期公母鸭最好分群饲养，公鸭采用放牧为主的饲养方式，让其多活动、多锻炼。在配种前 20 天放入母鸭群中。为了提高种蛋的受精率，种公鸭应早于母鸭 1 ~ 2 个月孵出。种公鸭习惯利用 1 年后淘汰。

（2）适合的公母性比

我国麻鸭类型的蛋鸭品种，体型小而灵活，性欲旺盛，配种性能极佳。在早春和冬季，公母性比可用 1∶20，夏、秋季公母性比可提高到 1∶30，这样的性比受精率可达 90%或以上。在配种季节，应随时观察公鸭配种表现，发现伤残的公鸭应及时调出补充。

（3）日常管理

在饲养蛋鸭管理过程中，应对其健康状况进行留心观察，并做到疾病早预防、早发现、早隔离、早治疗，以期能够保证鸭群的健康无疫，多产蛋、稳产蛋，这就需要加强对蛋鸭的日常观察管理工作。

① 补充光照。秋冬季节因为自然光照缩短，影响产蛋，故必须采取人工补充光照。一般要求每天的连续光照时间达 16 小时，可在鸭舍内每隔 30m 安装一个 60W 灯泡，灯泡悬挂离地高 2m，并装配灯罩。开关灯的时间要严格固定。实践表明，补光的蛋鸭比不补

光的蛋鸭其产蛋率提高 20% ～ 25%。

② 日粮配制及饲喂方法。

日粮配制：谷物类 50% ～ 60%、饼粕类 10% ～ 20%、鱼粉或豆粉 10% ～ 15%、贝壳粉 1%、食盐 0.05%、多种维生素 0.2% ～ 0.5%。

产蛋期参考配方：玉米 45%、米糠 20%、麸皮 6%、豆饼 10%、鱼粉 10%、菜籽饼 6%、贝壳粉 1%、骨粉 1%、食盐 0.5%、禽用多维素 0.5%。

饲喂方法：一般每昼夜饲喂 4 次，日喂量 125 ～ 150g。

③ 定期防疫。

预防鸭瘟：可用鸭瘟弱毒疫苗，雏鸭 20 日龄后每只腿肌内注射 0.5mL，成鸭每只胸肌内注射 1mL，每隔 6 个月再注射 1 次。

预防鸭霍乱：可用禽霍乱氢氧化铝菌苗，雏鸭 20 日龄后每只腿肌内注射 1mL，3 月龄时胸肌内注射 2mL。也可用土霉素，按 100 只鸭用 25 万 IU 的土霉素 5 粒，研末混入饲料或溶于水中，2 ～ 3 周喂 1 次。

5. 人工强制换羽

人工强制换羽可以调控产蛋季节，缩短休产时间，提高种蛋品质。

（1）时期的选择

水禽自然换羽在秋季发生，人工强制换羽时期的选择主要以市场对鸭的需求来决定。每年的 2 月至 8 月是全年孵化的旺季，又是种鸭的产蛋盛期，因此，一般不采取强制换羽，以免影响种蛋的供应。秋末冬初这段时间家禽自然换羽速度慢，停产期达 3 ～ 4 个月，如此时种鸭群采取强制换羽，可使换羽休产期缩短在 2 个月以内，可为次年春季孵化提供优质种蛋。由于羽的长成，提高了种鸭越冬的抗寒能力，可降低饲养成本。

（2）强制换羽方法

可采取畜牧学和药物的方法，蛋鸭生产常用停料（停料 2 ～ 3 天，粗料 7 天）、控光（舍内关养、遮光）、拔羽（主、副翼羽、尾羽）等措施进行人工强制换羽。

（3）恢复期的饲养管理

拔羽后 5 天内避免烈日暴晒，保护毛囊组织，以利新羽长出；逐步提高日粮营养水平，增加给饲量，促使恢复体力；多放牧游水，增加运动不使过肥。

强制换羽期中公母鸭分开饲养，同时拔羽。这样可使公母鸭换羽期同步，以免造成未拔羽的公鸭损伤拔羽的母鸭，或拔羽母鸭到恢复产蛋时，公鸭又处于自然换羽期，不愿与母鸭交配，影响种蛋受精率。

三、肉鸭的日常饲养管理

（一）肉鸭饲料的选择与使用

1. 配合饲料与混合饲料的选择使用

（1）配合饲料

配合饲料是根据动物的不同品种、生长阶段和生产水平，对各种营养成分的需要量和消化生理特点，把多种饲料原料和添加成分，按照合理的配方和规定的加工工艺配合成为均匀一致的、营养价值完全的饲料产品，是按照配方由专厂生产的一种工业商品饲料，也叫全价配合饲料。这种饲料是由饲料添加剂、蛋白质饲料、矿物质饲料和能量饲料组成的，营养成分配套，产品规格化、系列化、标准化，其用处专一，用户购回后不需添加任何饲料即可使用，是最终产品。不同动物不能混用；不同生长期、不同生产性能、同一种动物的配合饲料也不能混用。

（2）混合饲料

是由能量饲料、蛋白质饲料、矿物质饲料按照一定配方的配比混合而成的。这种饲料能满足畜禽对能量、蛋白质、钙、磷、食盐等营养物质的需要，但未添加营养性和非营养性添加剂，如合成氨基酸、微量元素、维生素、抗氧化剂、驱虫保健剂等。这种料型必须再搭配一定比例的青粗饲料或添加剂饲料，才能满足动物的营养需要。这种饲料营养价值虽然不及全价配合饲料，但比起用单一饲料或"凑合饲料"（随意地把几种饲料和其他成分粉碎混合在一起的饲料）要好得多。适合于我国目前广大农村肉鸭饲养水平，是乡镇饲料加工厂、专业户生产或自己制作饲料的一个主要料型。因此，在有条件的地方，使用配合饲料较好，但也要因地制宜，充分利用当地饲料资源。

2. 保健饲料的选择使用

保健饲料包括生长促进剂（如抗生素和合成抗菌药物、酶制剂等）、驱虫保健剂（如抗球虫药等）等，虽不是饲料中的固有营养成分，本身也没有营养价值，但具有抑菌、抗病、维持机体健康、提高适口性、促进生长、提高饲料报酬的作用。

（1）抗生素饲料添加剂

凡能抑制微生物生长或杀灭微生物，包括微生物代谢产物、动植物体内的代谢产物或用化学合成、半合成法制造的相同或类似的物质，以及这些来源的驱虫物质都可称为抗生素。

饲用抗生素是在药用抗生素的基础上发展起来的。使用抗生素添加剂可以预防鸭的某些细菌性疾病，或可以消除逆境、环境卫生条件差等不良影响。如用金霉素、土霉素作饲料添加剂还可提高鸭产蛋量和促进生长。

但饲用抗生素的应用也存在一些争议。首先是耐药性问题。由于长期使用抗生素会使一些细菌产生耐药性，而这些细菌又可能会把耐药性传给病原微生物，进而可能会影响人畜疾病的防治。其次是抗生素在畜产品中的残留问题。残留有抗生素的肉类等畜产品，在食品烹调过程中不能完全使其"钝化"，可能影响人类健康。另外，有些抗生素有致突变、致畸胎和致癌作用。所以，许多国家禁止饲用抗生素。目前，人们正在筛选研制无残留、无毒副作用、无耐药性的专用饲用抗生素或其替代品。

在使用抗生素饲料添加剂时，要注意下列事项。

① 最好选用动物专用的，能较好吸收和残留少的不产生耐药性的品种。

② 严格控制使用剂量，保证使用效果，防止不良副作用。

③ 抗生素的作用期限要做具体规定。

④ 严格执行休药期。大多数抗生素消失时间需 3 ~ 5 天，故一般规定在屠宰前 7 天停止添加。

（2）中草药饲料添加剂

中草药作为饲料添加剂，毒副作用小，不易在产品中残留，且具有多种营养成分和生物活性物质，兼具有营养和防病的双重作用。其天然、多能、营养的特点，可起到增强免疫作用、激素样作用、维生素样作用、抗应激作用、抗微生物作用等，具有广阔的使用前景。

（3）抗球虫保健添加剂

这类添加剂种类很多，但一般毒性较大，只能在疾病暴发时短期内使用，使用时还要认真选择品种、用量和使用期限。常用的抗球虫保健添加剂有莫能菌素、盐霉素、拉沙洛西钠、地克珠利、二硝托胺、氯苯胍、常山酮、磺胺喹沙啉、磺胺二甲嘧啶等。

（4）饲料酶添加剂

酶是动物、植物机体合成、具有特殊功能的蛋白质，是促进蛋白质、脂肪、碳水化合物消化的催化剂，并参与体内各种代谢过程的生化反应。在鸭饲料中添加酶制剂，可以提高营养物质的消化率。商品饲料酶添加剂出现于 1975 年，而较广泛地应用则是在 1990 年以后。饲料酶添加剂的优越性在于可最大限度地提高饲料原料的利用，促进营养素的消化吸收，减少动物体内矿物质的排泄量，从而减轻对环境的污染。

常用的饲料酶添加剂有单一酶制剂和复合酶制剂。单一酶制剂，如 α - 淀粉酶、β - 葡聚糖酶、脂肪酶、半纤维素酶、蛋白酶、纤维素酶和植酸酶等。复合酶制剂是由一种或几种单一酶制剂为主体，加上其他单一酶制剂混合而成，或者由一种或几种微生物发酵获得。复合酶制剂可以同时降解饲料中多种需要降解的底物（多种抗营养因子和多种养分），可最大限度地提高饲料的营养价值。国内外饲料酶制剂产品主要是复合酶制剂。如以蛋白酶、淀粉酶为主的饲用复合酶。

酶制剂主要用于补充动物内源酶的不足。以葡聚糖酶为主的饲用复合酶制剂主要用于以大麦、燕麦为主原料的饲料；以纤维素酶、果胶酶为主的饲用复合酶主要作用是破坏植物细胞壁，使细胞中的营养物质释放出来，易于被消化酶作用，促进消化吸收，并能消除饲料中的抗营养因子，降低胃肠道内容物的黏稠度，促进动物的消化吸收；以纤维素酶、蛋白酶、淀粉酶、糖化酶、葡聚糖酶、果胶酶为主的饲用复合酶可以综合以上各酶的共同作用，具有更强的助消化作用。

酶制剂的用量视酶活性的大小而定。所谓酶的活性，是指在一定条件下单位时间内分解有关物质的能力。不同的酶制剂，其活性不同，并且补充酶制剂的效果还与动物的年龄有关。

由于现代化养殖业、饲料工业最缺乏的常量矿物质营养元素是磷，但豆粕、棉粕、菜粕和玉米、麸皮等作物籽实里的磷却有 70% 为植酸磷，而不能被鸭利用，白白地随粪便排出体外。这不仅造成资源的浪费，污染环境，并且植酸在动物消化道内以抗营养因子存在而影响钙、镁、钾、铁等阳离子和蛋白质、淀粉、脂肪、维生素的吸收。植酸酶则能将植酸（六磷酸肌醇）水解，释放出可被吸收的有效磷，这不但消除了抗营养因子，增加了有效磷，而且还提高了被拮抗的其他营养素的吸收利用率。

（5）微生态制剂

微生态制剂也称有益菌制剂或益生素，是将动物体内的有益微生物经过人工筛选培育，再经过现代生物工程工厂化生产，专门用于动物营养保健的活菌制剂。其内含有十几种甚至几十种畜禽胃肠道有益菌，如加藤菌、EM、益生素等。也有单一菌制剂，如乳酸菌制剂。不过，在养殖业中除一些特殊的需要外，都用多种菌的复合制剂。它除了以饲料添加剂和饮水剂饲用外，还可以用来发酵秸秆、鸭粪，制成生物发酵饲料，既提高粗饲料的消化吸收率，又变废为宝，减少污染。微生态制剂进入消化道后，首先建立并恢复其内的优势菌群和微生态平衡，并产生一些消化酶、类抗生素物质和生物活性物质，从而提高饲料的消化吸收率，降低饲料成本。微生态制剂还能抑制大肠杆菌等有害菌感染，增强机体的抗病力和免疫力，可少用或不用抗菌类药物。另外，饲喂微生态制剂可明显改善饲养环境，使鸭舍内的氨、硫化氢等臭味减少70%以上。

（6）酸制（化）剂

酸制（化）剂可以增加胃酸，激活消化酶，促进营养物质吸收，降低肠道 pH，抑制有害菌感染。目前，国内外应用的酸化剂包括有机酸化剂、无机酸化剂和复合酸化剂三大类。

① 有机酸化剂。在以往的生产实践中，人们往往偏好有机酸，这主要源于有机酸具有良好的风味，并可直接进入体内三羟酸循环。有机酸化剂主要有柠檬酸、延胡索酸、乳酸、丙酸、苹果酸、戊酮酸、山梨酸、甲酸（蚁酸）、乙酸（醋酸）。不同的有机酸各有其特点，但使用最广泛的而且效果较好的是柠檬酸、延胡索酸。

② 无机酸化剂。无机酸包括强酸，如盐酸、硫酸，也包括弱酸，如磷酸。其中磷酸具有双重作用：既可作日粮酸化剂又可作为磷源。无机酸和有机酸相比，具有较强的酸性及较低的成本。

③ 复合酸化剂。复合酸化剂是利用几种特定的有机酸和无机酸复合而成，能迅速降低 pH 值，保持良好的生物性能及最佳添加成本。最优化的复合体系将是饲料酸化剂发展的一种趋势。

（7）寡聚糖（低聚糖）

寡聚糖是由 2～10 个单糖通过糖苷键连接成直链或支链的小聚合物的总称。寡聚糖种类很多，如异麦芽糖低聚糖、异麦芽酮糖、大豆低聚糖、低聚半乳糖、低聚果糖等。它们不仅具有低热、稳定、安全、无毒等良好的理化特性，而且由于其分子结构的特殊性，饲喂后不能被人和单胃动物消化道的酶消化利用，也不会被病原菌利用，而直接进入肠道被乳酸菌、双歧杆菌等有益菌分解成单糖，再按糖酵解的途径被利用，促进有益菌增殖和消化道的微生态平衡，对大肠杆菌、沙门氏菌等病原菌产生抑制作用。因此，亦被称为化学微生态制剂。但它与微生态制剂不同点在于，它主要是促进并维持动物体内已建立的正常微生态平衡；而微生态制剂则是外源性的有益菌群，在消化道可重建、恢复有益菌群并维持其微生态平衡。

（8）糖萜素

糖萜素是从油茶饼粕和菜籽饼粕中提取的，由 30% 的糖类、30% 的萜皂素和有机酸组成的天然生物活性物质。它可促进畜禽生长，提高日增重和饲料转化率，增强鸭体的抗病力和免疫力，并有抗氧化、抗应激作用，降低畜产品中锡、铅、汞、砷等有害元素的含量，改善并提高畜产品色泽和品质。

（9）大蒜素

用于饲料添加剂的有大蒜粉和大蒜素，有诱食、杀菌、促生长、提高饲料利用率和畜产品质的作用。

3. 配合饲料的分阶段选择使用

全价配合饲料是指能满足鸭生长发育所需的全部营养的配合饲料。这类配合饲料是按饲养标准规定的营养需要量配制的，可以不再加其他饲料而直接饲喂，使用方便。全价配合饲料按其形态可分为粉状料、颗粒料两种。

（1）粉状料

是按全价料要求设计配方，将饲料中所有饲料都加工成粉状，然后加氨基酸、维生素、微量元素补充料及添加剂等混合拌匀而成。粉状料饲喂，鸭不挑食，摄入的饲料营养全面，易于消化。鸭采食慢，为了所有鸭能均匀地吃食，可延长采食时间，且保证饲料不易腐烂变质。但如粉状料磨得过细，则适口性差，影响采食量，易飞散损失。粉状料在生产上常用于 2 周以内的肉用仔鸭、生长后备鸭。

（2）颗粒料

是将按全价料要求生产的粉状料再制成颗粒。颗粒料易于采食，可节省采食消耗的能量和时间，又可防止鸭的挑食而保证平衡饲粮的作用。制粒时的蒸气处理可以灭菌，消灭虫卵，有利于淀粉的糊化，提高利用率，还可减少采食与运输时的粉尘损失。但由于在加工过程中的高温易破坏饲料中的某些成分，特别是维生素和酶制剂等。改进的方法是先制粒，然后再将维生素等均匀地喷洒在颗粒表面，因此，颗粒料制粒费用双倍于生产粉料的成本。颗粒料在生产上适用于各种类别的鸭，但对育成鸭、肉用种鸭应控制喂量，以免易造成鸭采食过多而导致过肥，影响生产性能的正常发挥。

4. 青绿饲料的选择使用

青绿饲料富含蛋白质、矿物质和多种维生素，对鸭的生长发育具有良好作用，但利用青绿饲料喂鸭，必须注意以下问题。

（1）控制比例

鲜嫩的青绿饲料适口性好，鸭爱吃，但由于含水量大，不宜多喂，必须与其他饲料配合饲喂，且比例不能过高，否则易引起拉稀或肠炎。一般，青绿饲料应占雏鸭日粮的 15% ~ 20%，占成鸭日粮的 20% ~ 30%。树叶类青绿饲料，粗纤维含量多，添加量占日粮的 10% 左右为宜。在缺乏青绿饲料季节或大型养鸭场，亦可用干草粉或树叶粉代替青绿饲料喂鸭，在日粮中的比例干草粉占 5% ~ 10%、树叶粉占 5% ~ 8% 为宜。

（2）合理调制

多数青绿饲料都可以直接用来喂鸭，但容易造成浪费，经粉碎后单独或拌入饲料中饲喂，鸭更容易采食，利用率也高。尤其是块根类和瓜类饲料，更应粉碎后喂给，必要时煮熟再喂。水生植物如浮莲、水葫芦等，往往含有一些寄生虫卵或幼虫，则必须煮熟后再喂。

（3）保持清洁

喂前洗净，去掉泥土等脏物，并剔除腐败变质的饲料，防止中毒。青绿饲料酸度高，喂鸭时可拌入 2% 左右的贝壳粉，以中和酸度。饲喂不当引起鸭拉稀或肠炎等疾病时，应立即停喂或限量饲喂，并在日粮中加入 0.2% ~ 0.4% 土霉素进行治疗，待鸭恢复常态后再按正常比例喂给。

（二）肉鸭的日常管理技术

1. 消毒技术

（1）鸭舍消毒

首先在清除粪便的前提下对鸭舍进行彻底清扫和清洗。一般是先扫后洗，先顶棚、后地面；从棚的远端到门口，先棚内后室外，逐步进行，不留死角。

第 1 次消毒可用碱性消毒剂，如 2% ~ 4%NaOH；第 2 次消毒可用酚类或过氧乙酸进行喷雾消毒；第 3 次用甲醛熏蒸消毒，每立方米用 42mL 甲醛、21g 高锰酸钾，作用 24 小时。

（2）带禽消毒

带禽消毒首次日龄不低于 7 天，以后再次消毒时可以根据棚内的污染情况而定。一般在育雏期每周进行 1 次，发生疫病时每日 1 次，清除粪便后也要带禽消毒 1 次，喷雾量按 15mL/m³，消毒剂可选用戊二醛类。

2. 减少应激因素

动物机体的免疫功能在一定程度上受到神经、体液和内分泌的调节，在环境过冷过热、湿度过大、通风不良、拥挤、饲料突然改变、运输、转群、噪声等应激因素的影响下，机体肾上腺皮质激素分泌增加。肾上腺皮质激素能显著损伤 T 淋巴细胞，对巨噬细胞也有抑制作用。应激因素能抑制肌体的免疫能力，使抗病能力下降。

3. 不用过夜饲料

饲料在料槽里存放时间长，在鸭饮水后再吃料，使料变潮湿，时间一长，饲料发生霉变，霉变饲料产生的霉菌毒素能使鸭胸腺、法氏囊萎缩，毒害巨噬细胞而使其不能吞噬病原微生物，从而引起严重的免疫抑制。

4. 搞好雏鸭的开水与开食

出壳雏鸭进入育雏舍时，应强制让其活动，不要扎堆，并要"助饮、助食" 2 天。要遵循"早饮水、早开食；先饮水、后开食"的原则，晚开食影响生长发育。

雏鸭的开食时间是出壳后 16 ~ 24 小时，一般饮水后 2 ~ 3 小时开食。开口水用 2% ~ 5% 葡萄糖和速溶多维有利于体内卵黄的吸收，有助于提高成活率。

饲料投喂掌握"少喂勤添"的原则，喂料次数通常是：1 ~ 3 日龄，每天喂 8 ~ 9 次；4 ~ 10 日龄，每天喂 6 ~ 8 次；11 ~ 20 日龄，每天喂 4 ~ 6 次；20 日龄以后，每天喂 4 次或自由采食。1 周龄内切勿暴饮暴食，以免造成消化不良和假嗉囊炎。

5. 掌握好育雏温度

雏鸭所需要的温度与鸡苗不同，温度偏低一些。但是前 10 天内也要注意保温，一定不能忽冷忽热以免造成不必要的死亡。

6. 鸭舍内要保持适宜的湿度

要求第 1 周，相对湿度 70%；以后相对湿度 50% ~ 55%。适宜的温度与适宜的湿度必须结合才能取得良好的育雏效果。若过于干燥，就会影响雏鸭的生长，或者导致后期腹水症多发。

7. 通风与光照

在保温的同时要注意通风，以排出鸭舍内的有害气体，增加新鲜空气。育雏期在冬天，通风前应先提高舍温 1 ~ 2℃，再通风降到原来的舍温。防止冷风直接吹入舍内，通风时间一般是上午 12 时左右，放风 0.5 ~ 1 小时（仅育雏时）。合理的光照可促进雏鸭的生长发育，出壳后的前 3 天内要连续光照，以便雏鸭熟悉环境，保证生长均匀。7 ~ 10 天在天气允许的情况下，多让雏鸭进行日光浴和间歇性光照，晚上不定时停电 1 小时。

第二节 鸭的疾病预防与治疗分析

一、引起群养蛋鸭发生疾病的原因

（一）养鸭场规划设计不合理

养鸭场生活管理区、生产区、粪污处理区设计不合理，净道与污道没有严格分开；鸭舍距离村庄较近，没有达到规定要求；鸭场内部相邻间的鸭舍距离较近，通风不畅，造成相互传染；鸭场内游泳池较小，且水面不足，池中水不能及时更换，水体污染严重。

（二）防疫意识淡薄

很多养殖场户缺乏对防疫的认识，防疫意识淡薄，该防疫的疫病不能及时做好防疫。

防疫时不能按操作规程办事，致使免疫效果低下，达不到免疫目的。有的是因为疫苗过期或保管不当造成失效，免疫起不到作用。

引种时检疫不够严格，造成引种带入病原引起疫病流行。

对病鸭不能及时采取隔离饲养、治疗措施。

卫生消毒不能形成制度化、常规化，饲养用具、运输工具、鸭舍及其周围环境消毒不严，造成病原微生物污染，导致疾病发生。

（三）雏鸭保温不善

鸭虽然是水禽，有一定的抗寒能力，但冬春季节引进的中雏鸭苗仍需要适当的保温措施。如果忽视了对中雏鸭苗的保温，以致鸭舍温度偏低，也会引起鸭群扎堆，造成鸭群堆压死亡或引发呼吸道疾病、胃肠道疾病等。

（四）滥用药物现象较为普遍

有些养鸭户平时不注重鸭群的饲养管理和鸭群疫病的预防，当发现鸭群患病时，病急乱投医，用药带有很大的随意性和盲目性。不按药物的使用剂量和使用疗程用药，随意加大药物剂量，随意更换药物，盲目配用多种药物，导致用药成本高，且疗效不显著。

（五）饲养管理不够科学

饲喂的饲料单一，营养不全，有的长期饲喂某种或某几种饲喂，造成鸭群营养不良，鸭本身抵抗力下降。如在鸭饲养中不注意补充钙磷、矿物质添加剂等，在蛋鸭生长速度增快时，容易出现瘫痪。饲喂发霉、变质、过期的饲料都会导致鸭群发病。

管理不当，如密度过大、场地较小、周围有噪声、有污染的水源等，也会造成鸭群发病。频繁更换饲养员，更换水池、场地、鸭舍、饲喂工具等会使鸭群长期处于应激状态，鸭群自身抵抗力下降，遇气候突变时易发生疾病。

（六）环境卫生条件较差

养鸭场经常不打扫卫生，粪便满地，气味难闻，环境卫生很差，粪便不做无害化处理，造成病原体到处传播，致使鸭群发病。

养鸭场距离污染源较近，没有处理和防护措施，有的距离其他养殖场不足 500m，造成相互影响，引发疾病。

二、群养鸭的疾病预防与控制

（一）创造鸭群良好的饲养管理环境

本着合理布局，有利于生产，促进流通，便于检疫和管理，防止污染畜产品的原则，鸭舍选址应远离城镇、工矿区和居民区，且容易封闭管理、水源充足清洁的地方，要符合卫生条件。养殖区内要合理布局养殖区、消毒隔离区、饲料贮存与饲料加工区、喂养人员生活区；鸭舍及周围经常打扫，保持清洁卫生，鸭舍内空气流通。鸭群的游泳池应与活动场相连，并按每只鸭不少于 $2 \sim 2.5m^2$ 的水面安排。

（二）加强饲养管理，保证鸭群健康

无论是引进雏鸭，还是中雏鸭，除严把鸭苗的引种检疫关外，还要注意好雏鸭的保温，尤其是在冬季和早春。特别要谨防鸭舍温度过低导致鸭群扎堆死亡和引发呼吸道疾病、胃肠道疾病。白痢病和球虫病是雏鸭和中雏鸭最易发生的疾病，养鸭户必须时刻注意鸭舍、用具、饲料和饮水的清洁卫生，严防病从口入。

要根据不同生长时期的鸭群，合理平衡日粮，保证饲料新鲜清洁无污染、无霉变，要注意添加钙磷和矿物质添加剂，饲料品种要多样化，搭配要合理，饲喂时间和饲喂次数要相对固定，提高鸭群的抗病能力。

勤观察鸭群，及时掌握鸭群的健康状况，一旦发现鸭群异常反应，应立即采取相应的补救措施，切不可食用病鸭，更不可上市销售，防止病原扩散。

（三）适时给鸭群免疫接种

免疫接种的疫苗必须质量可靠，应到兽医行政部门批准的兽医生物制品经销点购买疫苗，不能购买"三无"疫苗，切实保证疫苗质量。

鸭免疫接种必须严格遵循免疫操作规程。

① 免疫接种时，禁止投放抗病毒类药物和使用一些消毒类药物，以免降低疫苗的效力。

② 免疫接种用的疫苗要做到现配现用，疫苗稀释后应存放于阴凉处，并在2小时内用完。

③ 免疫接种时，应尽量降低室内光线，减少群体应激。捕捉鸭时，应提双腿，做到轻提轻放。

④ 采用注射免疫接种时，器械应事先经高温灭菌处理，注射部位应严格消毒，注射部位要准，用力要均匀。

⑤ 注射油剂疫苗时，疫苗在使用前应摇匀，气温较低时，应提前将疫苗放在37℃左右的温水中预温，慎防油剂疫苗吸收不良。

⑥ 利用点眼、滴鼻免疫接种时，滴药后应暂停片刻再放鸭，以确保药物被完全吸入。

⑦ 利用饮水免疫接种时，饮水器应有足够的数量。饮水免疫前，应提前3~5小时停止供水，以保证鸭群能够快速把疫苗饮完。

⑧ 对感染或患病的鸭不宜进行紧急免疫预防注射接种，应缓注或晚注，慎防副作用强烈，导致大批鸭死亡。

⑨ 免疫接种应与转群、驱虫等错开进行，同时使用3种以上的单独疫苗免疫接种，不要在同一天进行。否则，鸭的应激反应过大，也会影响疫苗的效力。

⑩ 免疫接种结束后，使用的器械须经高温灭菌处理，剩余的疫苗严禁随处扔放，应采用煮沸的方法进行灭活处理。

（四）合理使用兽药

鸭养殖户一定要了解和掌握兽药使用的基本常识，并根据自身的饲养水平和鸭群的疾病发生情况，合理使用兽药。在鸭生病时，严格按规定使用兽药和药物添加剂，遵守用药剂量和休药期，尽量不使用滞留性强且有毒的药物，防止滥用抗生素、激素类和合成类驱虫剂等药物；要将饲料、饲料添加剂与药品、消毒剂、灭鼠药、灭蚊药或其他化学药物分门别类贮藏，谨防饲料中混入其他药物。要防止饲料和饲料添加剂受潮霉变，预防保健性给药或使用饲料添加剂，应尽量选用生物饲料（如加藤菌、益生素、生态畜宝）、低聚糖、酶制剂、酸制剂、中草药制剂等。

（五）严格执行养殖卫生消毒制度

要制定切实可行的鸭养殖卫生消毒规程，要经常对圈舍、环境、饲喂工具、车辆等进行消毒，选用高效、低毒、不污染环境的消毒药物，并合理使用消毒药物，以保证消毒有效。游泳池的水体应保持清洁干净，水面要大，定期消毒；对空栏及活动场应及时清除粪便及其杂物，严格消毒。对游泳池应将原有用水放干，并及时清除池内污泥及其杂物后，再行消毒，并更换用水。

（六）加强引种和购置种鸭监管

引进鸭群除了要到持有县级以上的畜牧部门颁发有《种畜禽生产经营许可证》、信誉度高的正规种鸭孵化场引种外，还必须接受当地动物防疫部门的严格检疫并出具相关的检疫证明。引种回场后，除及时申请动物防疫部门报检外，还应对鸭群隔离饲养观察15天以上，待确诊鸭群健康后，方可转入正常饲养，严防外源性疾病传染。

三、养殖鸭的常见病与治疗

（一）鸭常见维生素缺乏症的防治

随着养鸭业近几年来的规模化发展，鸭维生素缺乏症也屡见不鲜。维生素是鸭的重要营养物质，不同维生素由于化学结构不同，对鸭的生理作用、营养作用也各不相同。若饲料中缺乏或者吸收不良时，将对鸭的生长发育、繁殖、产蛋产生很大的影响。

1. 维生素A缺乏症

（1）维生素A的功能

维生素A属于脂溶性维生素，其主要功能是维持眼睛在黑暗情况下的视力，维持上皮组织的健康，增加对传染病的抵抗力，还能促进食欲和消化，提高生长率、繁殖力和孵化率，是家禽生长发育所必需的营养物质。

（2）发病症状

病鸭的典型症状是眼睛流出乳状渗出物，上下眼睑被渗出物粘住，眼结膜浑浊不透明。病情严重时，病鸭眼内蓄积大块灰白色的干酪样物质，眼角膜软化和穿孔，最后造成病鸭失明。一般情况下，病鸭生长停滞，精神萎靡，身体瘦弱，走路不稳，羽毛松乱，喙和小腿部皮肤黄色消失，运动无力；产蛋量显著下降，蛋黄颜色变淡；出雏率下降，死胚率增加。如果不进行及时治疗，死亡率较高。

（3）病理变化

鼻、口腔、咽、食管、嗉囊的黏膜表面散发白色小结节，结节不易剥落，随着病情的发展，结节病灶增大，相互融合成一层灰黄白色的假膜覆盖在黏膜表面，剥落后不出血。在雏鸭，常见假膜呈索状与食道黏膜纵皱褶平行，轻轻刮去假膜，见黏膜变薄，光滑，呈苍白色。在食道黏膜小溃疡病灶周围及表面有炎症渗出物。肾呈灰白色，并有纤细白绒样网状物覆盖，肾小管充满白色尿酸盐。输尿管极度扩张，管内蓄积白色尿酸盐沉淀物。心脏、肝、脾表面均有尿酸盐沉积。

（4）发病原因

① 饲料因素。长期缺乏青饲料或长期饲喂缺乏维生素A的饲料，如棉籽饼、糠等；饲料遭受日光暴晒、酸败和氧化等而使维生素A受到破坏。

② 疾病因素。鸭群患有消化道疾病、肝脏疾病或肠道寄生虫病可造成维生素A吸收障碍而引发本病。

③ 种鸭因素。产蛋种母鸭日粮中缺乏维生素A，会导致30日龄以内雏鸭发生维生素

A 缺乏症。

（5）防治

注意饲喂富含维生素 A 的饲料，如青草、南瓜、胡萝卜、黄玉米及鱼粉等。必要时应给予鱼肝油或维生素 A 添加剂。谷物饲料贮藏不宜过久，以免发生酸败，导致胡萝卜素被破坏。

发现病鸭，可每千克日粮中补充 1 000 ~ 1 500IU 维生素 A。也可用维生素 AD 滴剂拌料，每千克日粮滴加 10mL，每日 1 次，连用 2 ~ 5 天。或在病鸭群饲料中加入鱼肝油，每千克日粮中加 2 ~ 4mL。

2. 维生素 D 缺乏症

（1）维生素 D 的功能

维生素 D 有促进钙、磷吸收，保证血液中钙、磷相对稳定的作用。维生素 D 与钙磷共同参与骨组织的代谢，其中任一个缺乏或钙磷比例失调都会造成骨组织的发育不良或疏松。

（2）发病症状

雏鸭精神委顿，不愿走动，常蹲卧；喙变软，行走摇晃，需拍动双翅移动身体，逐渐瘫痪；生长迟缓，产蛋鸭产蛋减少，产薄壳或软壳、无壳蛋。种蛋孵化率降低，死胎增多。

（3）病理变化

胸骨变形，胸脊呈"S"状弯曲，肋骨与肋软骨结合部出现球状增生；鸭喙变软，易扭曲；跖骨易折断；肠道空虚，腿部皮肤干燥。

（4）发病原因

维生素 D 是一种脂溶性维生素，既可在阳光照射下由皮肤合成，又可得之于动物性饲料。在舍饲时，雏鸭得不到阳光照射，若饲料中维生素 D 含量不足，则会导致本病发生。维生素 D 有促进钙、磷吸收的作用，缺乏时，可以引起肠道对钙、磷吸收不良，因而产生骨软症或纤维性骨营养不良。此外，肝脏疾病以及各种传染病、寄生虫病引起的肠道炎症均可影响机体对钙、磷以及维生素 D 的吸收，从而促进本病的发生。

（5）防治

在尽可能的情况下，提供舍饲鸭群日光照射。注意饲料中维生素 D 和钙、磷的含量及其比例，合理的钙磷比一般情况下为 2：1，产蛋期为（5 ~ 6）：1。对病鸭，在每千克饲料中添加维生素 D 35mg，每天 2 次，连用 5 天，第 1 天加倍。病情严重的鸭可注射维丁胶性钙 1mL/ 只，隔 1 天再注射 1 次。

3. 维生素 E 缺乏症

（1）维生素 E 的功能

维生素 E 又称生育酚，是多种生育酚的总称。维生素 E 和硒是动物体内不可缺少的抗氧化物，两者协同作用，共同抗击氧化物对组织的损伤，所以，一般所说的维生素 E 缺乏症，实际上是维生素 E- 硒缺乏症。

维生素 E 具有以下生理功能。

① 细胞抗氧化剂，保护细胞膜的完整。能稳定细胞代谢中对氧化作用敏感的脂肪酸

以及其他敏感的化合物，诸如维生素 A、类胡萝卜素及碳水化合物代谢的中间产物。

② 调节碳水化合物和肌酸的代谢。

③ 调节肌肉的代谢及肝糖的平衡。

④ 调节性腺的发育及功能，促成受孕和防止流产。

⑤ 透过脑下腺前叶的功能，促进某些内分泌素的释放。

⑥ 促进免疫球蛋白的形成，增强抵抗力。

⑦ 在细胞代谢中发挥抗毒作用。

⑧ 防止肝坏死及肌肉退化。

⑨ 促进细胞内呼吸。

（2）发病症状

患病雏鸭精神委顿，食欲降低，肌肉苍白，胸肌和腿部肌肉发生变性及坏死，可见灰白色的条纹（所以又叫"白肌病"），运动失调，站立不稳或不能站立，全身衰竭，可大批死亡。

成鸭繁殖力下降，一般成年母鸭不表现明显症状，仍能产蛋，但种蛋孵化率显著降低，往往孵化到 4 ～ 5 天胚胎即死亡；公鸭睾丸发生退行性变化，精子的产生减少或停止，繁殖机能减退。

（3）病理变化

腹部、颈部、胸部皮下出现水肿，胸肌、腿肌苍白，心包积液，肝表面散布针尖大小出血点，肠道出血。

（4）发病原因

一般饲料中硒的含量较低，在饲料中直接添加时，常会出现搅拌不均匀，致使鸭从饲料中采食不到足量的硒。在缺硒地区，鸭群在舍外自由采食时也无法补足足量的硒。故会引起维生素 E- 硒缺乏症的发生。

（5）防治

在缺少微量元素硒的地区，饲料中应补充硒制剂，每千克体重 0.06 ～ 0.1mL。维生素 E 在植物油中含量丰富，大群治疗时，可在饲料中加入 0.5% ～ 1.0% 植物油，供给充足的新鲜青饲料，并适当放牧。发病雏鸭每只可喂服维生素 E 2 ～ 3mg。也可用亚硒酸钠 - 维生素 E 按说明的用量加倍使用，或每只肌内注射 0.1% 亚硒酸钠 0.05 ～ 0.1mL。

（二）鸭病毒性肝炎的预防与治疗分析

鸭病毒性肝炎是鸭群中比较常见的传染性疾病，具有传播速度快和死亡率高的特征。据相关领域的调查研究工作显示，鸭病毒性肝炎最初发生于 1949 年的美国，美国纽约长岛养鸭场出现了此种疾病，随后在欧美其他国家和地区也有出现。我国部分地区也有此种类型疾病的发生，并且已经呈现出了明显的上升态势。

1.鸭病毒性肝炎的病症分析

（1）病原类型

鸭病毒性肝炎病毒属于 RNA 病毒，一共有三个不同的血清型。目前，我国的鸭病毒性肝炎病毒血清为Ⅰ型，此种类型的鸭肝炎病毒可在9日龄鸡胚尿囊腔中进行繁殖，在接种病毒后的5~6天会出现死亡。鹅胚对于鸭肝炎病毒反应也比较敏感。鸡胚中的病毒滴度比雏鸭中的病毒滴度更低，在进行纤维细胞培养试验中可以产生细胞病理性变化。鸭胚肝或者肾原代细胞均可以用于培养Ⅰ型的鸭肝炎病毒。

（2）发病原因

鸭病毒性肝炎发病具有季节性的特征，在雏鸭孵化环节如果出现了此种病症，则在鸭群中会迅速传播，发病率高达100%。在日常管理中，饲养员的管理不到位，鸭群饲料中维生素和矿物质的缺失，都有可能造成该病的发展和蔓延。此外，鸭舍内过度拥挤，卫生状况不好，也比较容易出现鸭病毒性肝炎。病鸭和带毒鸭群是主要的传染源，如果在出现了病鸭时未能在第一时间发现并消毒隔离，则会导致鸭群整体出现感染。

（3）临床表现

鸭是鸭病毒性肝炎的主要感染群体。在患病之后，鸭会出现精神萎靡的症状，部分病症严重的鸭会出现极度沉郁的状况。人为驱赶时，患有鸭病毒性肝炎的鸭行动较为迟缓，并且走几步之后会再次俯卧在地。与正常鸭相比，病鸭的食量和饮水量都明显下降。部分鸭在患病期间还会出现明显的腹泻症状，头颈向后弯，呈现角弓反张状态。患病后几分钟至几个小时内会发生死亡。

2.鸭病毒性肝炎的中西医结合治疗方案

（1）预防措施

鸭病毒性肝炎的治疗难度较大，并且因为病情发展迅速，会在短时间内危及大面积的肉鸭群体。所以，养殖户在日常养殖和管理期间要采用积极的预防措施。

① 坚持自繁自养。养殖户要坚持自繁自养模式，尽可能避免从外地购入种蛋或者雏鸭，防止外地的鸭病毒性肝炎进入到本地家禽养殖体系当中。在养殖期间，也要严格地进行检疫。如果必须从外地购进雏鸭时，需要对购入地的当地疫情状况进行了解。在确认无疫情的情况下，选择经过检疫合格的种蛋和雏鸭购入。新购入的雏鸭需要先经过20~30天的隔离，此种单独饲养的方式，配合科学杀菌消毒，可以确保鸭群健康，防止出现交叉感染。

② 定期对鸭舍、场地以及饲养使用到的工具进行消毒管理。使用浓度为1%的复合酚进行喷洒消毒。对于雏鸭的消毒可以使用比例为1：500的聚维酮碘进行喷雾消毒，种蛋可以使用福尔马林进行熏蒸消毒处理。

③ 提供免疫注射。注射鸭肝炎疫苗，能提高鸭对鸭病毒性肝炎的抵抗力。

（2）治疗方法

① 西药治疗。西医治疗方法主要是通过药物注射和喂服等方式加以治疗。比如，对已经出现了鸭病毒性肝炎症状的鸭，采用高免血清或者高免卵黄抗体的方式进行注射治疗，可达到稳定病情的效果。药物用量按照每只1mL的剂量。此外，在鸭的饲料中加入恩诺沙星、头孢噻呋等药物，可以有效地防止出现继发性细菌感染。使用利巴韦林等抗病毒类药物喂服，也能够防止其他病毒继发感染。对于病情较为严重的鸭，可以选择喂服电

解多维的方式。喂服阿司匹林和碳酸氢钠可以有效地预防和缓解鸭肾水肿。

② 中医治疗。中医理论对于家禽的病毒性治疗也具有十分显著的效果。中医认为，鸭病毒性肝炎属于湿热范畴，所以在治疗的过程中，要坚持清热利湿、活血化瘀、益气健脾和疏肝解郁的治疗原则。

采用中西医结合治疗方法对于鸭病毒性肝炎的治疗可产生积极影响，同时将不同理论体系中的药物联合使用，可促使患病鸭群逐渐恢复健康，对于健康鸭也可以产生积极的预防效果。

（三）鸭流感的预防与治疗分析

鸭流行性感冒（鸭流感）是由 A 型禽流感病毒中的某些致病性血清亚型毒株引起的鸭全身性或呼吸器官传染病。

1. 病原与流行病学

禽流感的病原体是正黏病毒群的 A 型禽流感病毒，属正黏病毒科流感病毒属。由于不同禽流感病毒的 HA 和 NA 有不同的抗原性，目前已发现有 15 种特异的 HA 和 9 种特异的 NA，分别命名为 H1-H15、N1-N9，不同的 HA 和不同的 NA 之间可形成多种血清型的禽流感病毒。近几年引起鸭发病的主要是 H5N1 亚型。本病毒对消毒药物和紫外线敏感。

该病一年四季均可发生，但在寒冷、交替变化的季节多发。各种日龄各种品种均可感染，纯种鸭比其他品种易感，雏鸭死亡率可高达 95% 以上。

2. 临床症状

本病的潜伏期从几小时到 3 天。由于鸭的品种、年龄、并发症、流感病毒株的毒力以及外环境条件的不同，其表现的临诊症状有较大的差异。

（1）最急性型

患鸭突然发病。食欲废绝，精神高度沉郁，蹲伏地面，头颈下垂，很快倒地，两脚作游泳状摆动，不久即死亡。

（2）急性型

这一病型的症状最为典型。患鸭突发性出现症状，精神沉郁，缩颈，双翅下垂，羽毛松乱，食欲减少或废绝，昏睡，反应迟钝，头插入翅膀下。有些患鸭可见鼻腔流出浆液性或黏液性分泌物，呼吸困难，频频摇头并张口呼吸，咳嗽，临死前喙呈紫色。病鸭下痢，拉白色或带淡黄色或淡绿色稀粪，机体迅速脱水、消瘦，病程急而短，鸭群发病 2 ~ 3 天内可引起大批死亡。发病的鸭产蛋率、受精率均急剧下降，畸形蛋增多。

（3）亚急性型

患鸭表现以呼吸道症状为主，一旦发病。很快波及全群。病鸭呼吸急促，鼻流浆液性分泌物，咳嗽，2 ~ 3 天后大部分患鸭呼吸道症状减轻。发病期间，食欲减少，经常咳嗽。母鸭主要表现产蛋量下降，死亡率较低。倘若鸭群感染了中等致病力以下的禽流感病毒株，患鸭临诊症状较轻，除一般全身症状外，雏鸭和中鸭多数表现以呼吸道症状为主，产蛋母鸭产蛋量下降，死亡率较低。若有细菌性并发症，则死亡率较高。

3. 剖检变化

大多数患鸭皮肤毛孔充血、出血，全身皮下和脂肪出血。头肿大的患鸭下颌部皮下水肿，呈淡黄色或淡绿色胶样液体。

眼结膜出血，瞬膜充血、出血；颈上部皮肤和肌肉出血，鼻黏膜充血、出血和水肿；鼻黏液增多；鼻腔充满血样黏性分泌物；喉头及气管环黏膜出血，分泌物增多；肺充血、出血、水肿，呈暗红色，切面流出多量泡沫状液体；气管黏膜出血；胸膜严重充血，胸膜的脏层和壁层、腹壁附着有大小不一、形态不整、淡黄色纤维素性渗出物；心包常见积液，心冠沟脂肪有出血点和出血斑，心肌有灰白色条纹状坏死。

食管与腺胃、腺胃与肌胃交界处及腺胃乳头和黏膜有出血点、出血斑、出血带、腺胃黏膜坏死溃疡；肠黏膜充血、出血，尤以十二指肠为甚，并有局灶性出血斑或出血性溃疡病灶；胰腺轻度肿胀，表面有灰白色坏死点和淡褐色坏死灶；肝脏肿胀，呈土黄色，质脆，部分可见有出血点；脾脏肿大，充血，淤血，有灰白色针头大坏死灶；胆囊肿大，充满胆汁；肾肿大，呈花斑状出血。

患病的产蛋母鸭除上述病变外，主要病变在卵巢。较大的卵泡胞膜严重充血和有较大出血斑，有的卵泡变形、变黑、变白和皱缩。病程稍长的病例可见其卵巢内处于不同发育阶段卵泡的卵泡膜出血，呈紫葡萄串样。输卵管黏膜充血、出血，输卵管蛋白分泌部有凝固的蛋白，有的病例卵泡破裂，腹腔中常见到无异味的卵黄液。

4. 诊断与预防

当小鸭群中迅速出现鼻炎、窦炎等呼吸道炎性症状时，就应考虑到禽流感。单从上述临床症状，很难与其他出现呼吸道症状的疾病相鉴别，因此，必须依靠实验室诊断进行确诊。

控制本病的传入是关键。应做好引进种鸭、种蛋的检疫工作，坚持全进全出的饲养方式。平时加强消毒，做好一般疫病的免疫，以提高鸭的抵抗力。

一旦发生疫情，要立即上报，在动物防疫监督机构的指导下按法定要求采取封锁、隔离、焚尸、消毒等综合措施扑灭疫情。消毒可用5%甲酚，4%氢氧化钠、0.2%过氧乙酸等消毒药液。对疫区或威胁区内的健康鸭群或疑似感染群，应使用农业农村部指定的禽流感灭活苗紧急接种。

（四）鸭瘟的预防与治疗分析

鸭瘟是鸭、鹅及多种雁形目动物的一种急性、热性、败血性传染病，其又名鸭病毒性肠炎，俗称大头瘟。鸭瘟致死率高，严重危害养鸭业的发展。

1. 病原学

鸭瘟的致病原是鸭瘟病毒，该病毒属于疱疹病毒属，仅有1种血清型，无血凝性，有囊膜，病毒粒子呈球形，直径为80～120nm。病毒存在于病鸭各组织器官中，免疫器官脾脏、法氏囊、胸腺是病毒侵害的主要靶器官，肝、脾、脑、泄殖腔等组织含毒量比较高，在不同的发病期，各组织病毒的含量也不一样。病毒对外界的抵抗力较弱，温度80℃环境下，5分钟后就可凋亡；5%生石灰作用30分钟亦可灭活；对常用的消毒剂敏感。病毒对低温的抵抗力比较强，低温对毒力的影响不大。阳光直射、干燥、高温等都不利于病毒的生长。

2. 流行病学

鸭瘟一年四季均可发生，但以夏、秋季居多，在一般情况下，只有鸭能够感染鸭瘟，鹅在同病鸭密切接触的情况下，也有可能感染，但是发病率不高。

鸭瘟的流行呈现一定的周期性，不同年龄、性别、品种的鸭均可感染，若成年鸭感染，其发病率及死亡率较高，大流行年份，患病雏鸭的死亡率可达95%以上。

病鸭、处于潜伏期的感染鸭、被病鸭和感染鸭排泄物污染的各种用具均可作为鸭瘟的传染源。

鸭瘟的传播途径在自然情况下是消化道，同时眼结膜、吸血昆虫、交配、呼吸道等也可作为鸭瘟的传播途径。

3. 临床症状

该病的潜伏期一般为2～5天，病初体温急剧升高，一般可到43℃以上且持续不退，病鸭翅膀下垂、羽毛松乱、精神萎靡、走动困难、食欲减退、渴欲增加，严重时，病鸭静卧地上。

病鸭流泪、眼睑水肿，周围有脓性分泌物，角膜混浊，有时形成单侧性溃疡性角膜炎，病鸭从鼻腔流出稀薄或黏稠的分泌物，呼吸困难，流泪和眼睑水肿是鸭瘟的特征性症状。

病鸭头和颈部肿胀，较健康鸭明显地出现肿大，故称"大头瘟"。

病鸭排泄出灰白色或绿色稀便，有时便中带血，排泄物常黏附在泄殖腔周围，泄殖腔黏膜充血、出血、水肿，严重者黏膜外翻，用手翻开肛门，可见到泄殖腔黏膜有黄绿色的假膜，不易剥离。

4. 病理变化

鼻孔、鼻腔内有分泌物，喉头和气管黏膜充血、出血。有灰白色假膜纵行覆盖于食道黏膜，或可见小出血斑点，假膜可剥离，同时留下溃疡瘢痕。

头颈肿胀的病鸭，皮下组织有黄色胶样浸润，充满淡黄色透明液体，是"大头瘟"的典型症状。

肠道发生急性卡他性炎症，有时腺胃与食道膨大部的交界处有一条灰黄色坏死带或出血带，肠黏膜充血、出血，以十二指肠和直肠最为严重，全身皮肤有许多散在出血斑。

法氏囊黏膜发红，有针尖状黄色小斑点，后期囊腔中充满红色的渗出物，心脏、冠状沟等处有出血点。

有大小不一的灰白色坏死点存在于肝脏表面及切面之上，有时甚至有出血带或淡灰色纤维物，肝脏一般不肿大，但质地较脆，容易破裂，胆囊中充满着黏稠的胆汁。

卵巢滤泡增大，并有充血和出血，变形变色，有时卵泡破裂，引起腹膜炎，输卵管黏膜充血、出血。

脑膜充血，胸腺有大量出血点和淡黄色坏死灶，周围液体呈淡黄色渗透。

5. 诊断

鸭瘟的诊断可根据该病症状、流行病学及病理变化特征进行综合分析。其典型症状为体温升高、流泪、走动困难、头颈肿胀。有诊断意义的病变为食道和泄殖腔黏膜溃疡和有假膜覆盖的特征性病变和肝脏坏死灶、出血点及出血带和纤维素状附着物。但在新发病地区，还需进行病毒分离和鉴定及血清学试验。

6. 鉴别诊断

在实际工作中，应注意鉴别鸭瘟和鸭的巴氏杆菌病。鸭巴氏杆菌病一般发病急，病程短，一般几小时到 2 天左右死亡。除鸭外，其他家禽也能感染鸭巴氏杆菌病发病。鸭巴氏杆菌病症状无神经症状和头颈肿胀等现象，病理变化见肺脏有严重的充血、出血和水肿，心外膜有出血点。用鸭巴氏杆菌病病鸭或病死鸭的心血或肝脏抹片染色镜检，可见两极染色的巴氏杆菌。巴氏杆菌病用抗生素治疗有效，而鸭瘟无效。但应注意，在鸭瘟流行时常继发巴氏杆菌病。

7. 预防措施

① 进鸭前，鸭舍和场地用 5%NaOH 或 10% 漂白粉喷洒消毒，并且要定时消毒。

② 坚持自繁自养，减少外引，同时种蛋也必须来在非疫区。必须从外地购进种鸭时，一定要经过严格的检查，看看当地是否有疫情，如果安全，方可引入。

③ 加强饲养管理，提高鸭群健康水平，增强其机体抵抗力。

④ 定期注射疫苗，目前使用的鸭胚弱毒疫苗安全有效，在未发生鸭瘟的地区和饲养场应进行预防接种，疫苗对 20 日龄的仔鸭安全有效，免疫期可达 6 个月，成年鸭接种弱毒疫苗后，免疫期可达 1 年。

8. 治疗措施

一旦发生鸭瘟，必须迅速报告疫情，划定疫区范围，并采取严格封锁、隔离、病死鸭深埋和消毒等工作。

对假定健康鸭进行紧急预防接种等措施。在紧急预防接种时，必须及早进行，一旦发现鸭瘟，必须立即用弱毒苗进行注射，必要时应使剂量加倍，可以降低发病率和死亡率。

用免疫鸭血清和高免血清治疗，每只鸭肌内注射 0.5 ~ 1.0mL，根据体重按 2 ~ 4mL/kg 注射更佳，也可以采取中药治疗。

总之，鸭瘟目前没有好的治疗措施，主要是加强鸭舍、场地消毒和鸭群的免疫接种，提高雏鸭母源抗体。加强饲养管理，坚持"预防为主、防重于治"的原则，实行科学的饲养管理模式，使养鸭者获得最高的经济效益。

（五）鸭霍乱的预防与治疗分析

鸭霍乱是一种由多杀性巴氏杆菌引起的接触性传染病，主要通过消化道和呼吸道传染，患病鸭群死亡率较高。提前预防、及时诊治是降低养鸭场经济损失、应对鸭霍乱病的主要手段。

1. 临床症状

鸭霍乱病的临床症状有急性和慢性之分。

感染急性鸭霍乱病的鸭主要表现为精神不振，低头缩颈，既不饮水也不下水活动，病情严重后突然死亡。还有鸭在感染急性鸭霍乱病后，体温迅速升高，染病半天后体温高达

44℃，并且从鸭鼻中流出大量泡沫、黏稠状液体，病症最多持续 2 天，随即死亡。

感染慢性鸭霍乱病的鸭则表现为步态不稳。患病 1 ~ 2 天后，病鸭饮食废绝，但饮水频率却成倍提升。病鸭体温逐步升高，且病鸭行动困难。患病 2 ~ 3 天后，病鸭频繁摇头甩颈，因嗉囊充满黏液而发出"咕咕"叫声，随后因呼吸困难死亡。

2.剖检病理变化

经过病鸭剖检可以发现，患有鸭霍乱病的死鸭均表现出肝脏肿大现象，且在肝脏表层布满血丝，并相间分布大小不等、数量繁多的白色斑点。肺部有轻微出血现象，肠道以及皮下脂肪均有较为严重的出血现象，肠内填塞有大量半凝状的胶体物质。

3.病情处置

所有被诊断为鸭霍乱病的死鸭，一律采取烧毁、深埋措施，杜绝养鸭场人员私自处理病鸭，或是将病鸭进行加工销售。同时，对于出现病鸭的鸭舍进行隔离，并在隔离鸭舍和正常鸭舍之间空出 1 ~ 2 间鸭舍，隔离鸭群禁止放养，持续观察隔离鸭舍内的情况。做好养殖场内部的消毒工作，尤其是发现病鸭的鸭舍，应当在腾空之后反复消毒，彻底杀死残留的病原体，并进行一段时间的通风处理。对于未死亡的病鸭应隔离饲养，及时治疗，未发病鸭应该紧急注射禽霍乱疫苗，以控制发病。

4.防治措施

（1）预防措施

平时加强饲养管理，尤其是在季节转换和气候变化时，更应采取相应的管理措施，以提高鸭群的环境适应力和抵抗力。

鸭舍应当定期进行通风和消毒，管理人员及时清除鸭舍内的粪便及其他杂物，保证鸭舍内部的干净，保证水源清洁和饲料卫生。

养殖户应该以预防为主，定期对鸭群进行接种免疫，控制发病概率，降低养殖风险。

（2）治疗措施

可用青霉素、链霉素混合肌内注射，按每千克体重 0.5 万 IU 计算，连用 3 ~ 5 天；磺胺嘧啶钠注射液，按每千克体重 0.15mL 计算，连用 3 天；用土霉素、四环素、金霉素拌料，按每千克体重 250 ~ 400mg 投喂，连用 3 天。

（六）鸭大肠杆菌病的预防与治疗分析

1.流行特点

（1）易感日龄

各种年龄的鸭均可感染，其中以 2 ~ 6 周龄多见。发病多在秋末、春初。

（2）感染途径

呼吸道是一条重要的感染途径，其他途径，如伤口及成年鸭生殖道感染、种蛋污染等均可能导致感染的传播。病鸭和带菌鸭为主要传染源。

鸭场卫生条件差，地面潮湿，舍内通风不良，氨气味大，饲养密度过大都易诱发本病。初生雏鸭的感染是由于蛋被传染。

（3）发病率和死亡率

在商品肉鸭中死亡可高达 50% 左右，而且常常与鸭传染性浆膜炎同时存在于鸭群中。成年鸭和种鸭主要为零星死亡。天气寒冷，鸭舍地面潮湿时发病率较高。育雏温度过低也可增加本病的发生。

2. 临床症状

新出壳的雏鸭发病后，体质较弱，闭眼缩颈，腹围较大，常有下痢，因败血症死亡。

较大的雏鸭发病后，精神萎靡，食欲减退，隔立一旁，缩颈嗜睡，两眼和鼻孔处常附黏性分泌物。有的病鸭排出灰绿色稀便，呼吸困难。病鸭常因败血症或体质衰竭、脱水死亡。

成年病鸭表现为喜卧，不愿走动。站立时，可见腹围膨大下垂，呈企鹅状。触诊腹部有液体波动感，穿刺有腹水流出。

3. 剖检变化

患鸭肝脏肿大，呈青铜色或胆汁状的铜绿色。脾脏肿大，呈紫黑色斑纹状。卵巢出血，肺有淤血或水肿。全身浆膜呈急性渗出性炎症，心包膜、肝被膜和气囊壁表面附有黄白色纤维素性渗出物。腹膜有渗出性炎症，腹水为淡黄色。有些病例卵黄破裂，腹腔内混有卵黄物质。肠道黏膜呈卡他性或坏死性炎症。有些雏鸭卵黄吸收不全，有脐炎等病理变化。

4. 预防措施

加强鸭群的饲养管理，严格防疫卫生管理制度，从无大肠杆菌病的种鸭场引进种蛋或雏鸭。种蛋、孵化室和有关器具可用 0.1% 强力消毒灵或 0.03% 百毒杀液等消毒。日常可定期用牛至油预混剂按 1.25g/100kg 饲料混饲，做好预防工作。

养鸭场可根据情况，接种多价大肠杆菌灭活苗。

5. 治疗方法

① 庆大霉素按体重 2～3mg/kg，卡那霉素按体重 10～15mg/kg，肌内注射，3 次/天，连用 3～5 天。加味禽菌灵散按 0.6g/100kg 饲料混饲，连用 2～3 天，预防减半；诺氟沙星按 0.01% 拌料混饲，连用 3～5 天；复方磺胺氯达嗪钠粉剂，按体重 20mg/kg 灌服，连用 7 天；牛至油预混剂按 2.25g/100kg 饲料混饲，连用 5～7 天；土霉素粉按 60～250mg/L 拌水混饮，连用 5～7 天。以上药物治疗效果较好，且符合无公害食品生产用药要求。

② 五雨康（每千克体重 0.2mL）和诺奇星（每千克体重 30mg），肌内注射。

③ 浆杆净，每 100kg 体重 7～10g，肌内注射。

④ 恩诺沙星拌料或饮水，连用 3～4 天。

（七）鸭副伤寒的预防与治疗分析

1. 病原特点

鸭副伤寒病的致病原是副伤寒沙门氏菌。该病原菌表现为有较强的药物耐抗性，常规消毒及短期内场地静置休养很难将其消灭，须选择敏感消毒剂和采取正确的综合防控手段来加以控制，持续太阳光照（紫外线）对其有较好的抑杀作用。

2.流行特点

本病可在禽类之间发生交叉感染，可能携带病原体的人和其他动物、用具等可直接或间接性散播本病，其中饮食源被病原菌污染是最主要的致病因素。

所有鸭均易感，自繁自养场孵化期间种蛋感染病原菌，可造成垂直传染。

初春和秋冬季低温高湿、污染严重的环境，以及夏季高温高湿、污染严重的环境最容易引发本病。

3.临床症状

发生垂直感染（种蛋污染）的半数以上成为死胚，勉强出壳的雏鸭罹患脐炎和卵黄囊炎，明显发育不全，经1~3天死亡，死亡率达100%。

3~15日龄雏鸭感染本病多呈急性发病。病雏鸭表现为饮食欲不良或废绝，排灰白色至灰黄色不等的稀便，肢体软弱无力、运动失调、神经症状（痉挛、颤抖、角弓反张等），病程1~24小时，多数以死亡告终。

15日龄以后的雏鸭有一定抵抗力，在饲喂管理与环境控制较好的情况下较少发生死亡，呈慢性病征经过，及时采取敏感药物对症控制可逐渐恢复，仅少数（5%~10%）病例会发生急性猝死。

剖解急性致死病例，可见肝脏肿大及色变（充血、坏死）；盲肠内积液或形成干酪样物质，直肠壁变厚并有散在出血点；不同程度的心包炎、心外膜炎及心肌炎；病程较短者呼吸道一般无明显变化，较长者则可见卡他性炎症。

4.诊断要点

结合上述流行特点和临床症状特点做出初诊，进一步确诊以病原学检查为准：无菌环境采集新鲜病料（肝、脾、心血、肺、肠黏膜组织）进行病菌分离，制作病料涂片，经革兰氏或姬姆萨氏染色呈阴性；置高清油镜下观察，见直杆状菌、无荚膜、不形成芽孢、大部分有鞭毛的特征性菌体、菌落，有较活泼的运动性，符合该病原菌基本特征；必要时再取分离菌做动物接种试验，菌液经口服或腹腔注射易感雏鸭，雏鸭表现与自然病例相同的症状及病理变化，并且又从该病死雏鸭病料组织中分离到沙门氏菌，至此即可确诊为本病。

5.综合防治

（1）预防控制

本病防控重点在于加强环境控制和饲喂管理，妥善管理饮食源不被病原体污染，防止环境恶化诱导发病。

① 自繁自养规模鸭场早期孵化管理全程注意坚持无菌操作，孵化室、孵化床、用具、种蛋等必须经过严格消毒，禁止可能携带病原体的人、其他动物、用具等随意进入孵化场地，避免各环节污染，并保持孵化期适宜、稳定的育雏温度。出壳后雏鸭绒毛基本变干即快速从孵化床转移到育雏室培养，最大化降低感染概率、提高成活率。

② 精细化管理新出壳雏鸭，1~15日龄雏鸭是易被感染的高敏易感对象，所以新出壳雏鸭或新进雏鸭应抓好严格的保洁消毒处置。育雏舍在进雏前，必须对重点场地及食具、用具等作认真清洗保洁和消毒。1~3日龄雏鸭舍温控制于31~33℃、相对湿度

70% ～ 75%；4 ～ 10日龄雏鸭舍温控制于28 ～ 30℃、相对湿度65% ～ 70%；11 ～ 15日龄舍温控制于22 ～ 28℃、相对湿度65% 左右；15日龄以后可逐渐适应当地常温环境条件，但一般以不低于18℃为宜。此阶段应供应易于雏鸭消化的全价日粮，同时不间断供应充足清洁饮水，严防饮食源被各种途径污染。抓好上述各环节工作，可有效预防本病和提高雏鸭成活率。

③ 主动采取保健预防程序（净化措施），常用"高纯黄芪多糖（原粉/颗粒）+复方电解多维（粉剂，含动物必需的多种微量元素、维生素、葡萄糖、氨基酸等）+氟苯尼考+多西环素"混饮（随饮），连用3 ～ 7天。

④ 养殖全程布控严格的生物安全防范体系，不断完善和制定切合本场实际的管理规程，严格执行本场养殖环境、器械、基础设施、饲管人员的卫生及防疫消毒制度，切断传染病的传染链（传染源、传播途径）、保护好易感群。禁止将雏鸭与成鸭混养，禁养其他家畜禽，适时开展驱虫（含体内外寄生虫）工作，控制任何可能携带病原体的中间传播媒介随意进出鸭场（舍/栏）内。

⑤ 全程重视抓好日常动态疫病监测与处置，及时发现群内个别早期发病及病死个体，快速撤离原发病舍，做对症治疗及无害化处置，严防疫病在本场进一步扩散蔓延。

（2）治疗

① 高纯黄芪多糖（原粉/颗粒，抗病毒、强免疫力，0.2% ～ 0.5% 混饮）+10% ～ 20%葡萄糖（补充体液、促排毒利尿、增进体能）+乳酸环丙沙星口服液（控制继发感染，适合于低龄雏鸭消化吸收），2剂/天，连用3 ～ 5天。本方侧重于治疗消化道疾病。

② 高纯黄芪多糖（原粉/颗粒，抗病毒、强免疫力，0.2% ～ 0.5% 混饮）+10% ～ 20%葡萄糖（补充体液、促排毒利尿、增进体能）+氟苯尼考（原粉）+长效土霉素（原粉），2剂/天，连用3 ～ 5天。本方较为广谱高效，适合于呼吸与消化（病毒与细菌）混合感染的病例。

参考文献

陈立.2017.对牛疾病难治的思考[J].畜牧兽医科技信息（3）：80.

陈小平.2015.猪蓝耳病混染症的诊断和防治措施[J].中国畜牧兽医文摘，31（7）：198.

陈玉琪.2014.牛的科学饲养及疾病预防[J].当代畜禽养殖业（7）：12.

杜林杰.2016.牛常见呼吸道疾病的预防与治疗[J].当代畜牧（29）：89.

高光远.2017.猪场管理问题产生的猪疾病及防治措施[J].农技服务，34（15）：115.

洪春风.2015.蛋鸡健康养殖在我国的发展前景分析[J].中国畜禽种业，11（4）:127.

黄藏宇，李永明，徐子伟.2012.舍内气态及气载有害物质对猪群健康的影响及其控制技术[J].家畜生态学报，33（2）：80-84.

黄萌亚.2011.绵羊养殖管理五招[J].农家科技（12）：36.

李华.2014.浅析家禽的疾病发生特点及治疗方法[J].农民致富之友（2）：250-251.

李晓晗.2016.常见羊病的治疗及预防对策[J].农家科技（下旬刊）（11）：176.

李玉莹.2018.猪蓝耳病及混合感染诊断与防治方法[J].中国畜禽种业，14（5）：105.

刘丙兴，王刚.2014.浅谈猪丹毒病的检疫要点及防控对策[J].中国畜禽种业，10（1）:35-36.

刘永强.2013.一起牛炭疽疫情的防控及体会[J].甘肃畜牧兽医，43（4）：44.

马国平.2016.家禽疾病发生特点及治疗方法[J].当代畜牧（11）：69.

穆飙.2011.山羊同期发情和定时人工授精技术研究[D].重庆：西南大学.

农华忠.2016.牛的科学饲养及疾病预防[J].南方农业，10（9）：195-196.

庞春峰.2017.高致病性猪蓝耳病的临床诊断与防治分析[J].农民致富之友（8）：235.

祁世新.2014.舍饲牛如何防控疾病[J].畜牧兽医科技信息（11）：77.

钱慧，程广凤，戴广峰.2015.猪蓝耳病及混合感染的诊断与防治措施[J].中国畜牧兽医文摘，31（1）：120-121.

苏瑜靖.2018.笼养蛋鸡健康养殖技术研究的现状与发展趋势[J].农家参谋（7）：121.

孙宝发，李芳萍，李春东，等.2015.猪群猪丹毒病的防治[J].当代畜禽养殖业（7）：30-31.

孙俊，徐斌.2013.论中国蛋鸡健康养殖技术的发展趋势[J].中国农学通报，29（2）：1-5.

汤国祥，傅童生.2010.一例猪瘟和猪蓝耳病混合感染诊断和防治措施[J].湖南畜牧兽医（3）：26-28.

王桂朝.2008.畜禽健康养殖与生态安全——记中国畜牧兽医学会家畜生态学分会第七届全国代表大会暨学术研讨会[J].中国家禽，30（16）：55-58.

韦海宇. 2016. 健康养殖技术对肉羊疾病防控效果观察[J]. 中兽医医药杂志，35（3）：71-73.

闻雪梅. 2016. 我国蛋鸡集约化养殖集成技术与发展趋势分析[J]. 中国畜牧兽医文摘，32（2）：55，202.

杨红卫. 2004. 绵羊同期发情技术研究[D]. 兰州：甘肃农业大学.

于友. 2014. 笼养蛋鸡健康养殖技术研究的现状与发展趋势[J]. 养殖技术顾问（12）:27.

余文莉，李树静，乌兰，等. 1999. 绵羊胚胎移植技术在内蒙古的研究和应用[J]. 畜牧兽医学报（2）：15-17,19-21.

占纯华. 2016. 浅析近年来常见猪疾病的预防和治疗[J]. 农技服务，33（10）：118.

张居农，汤孝禄，刘振国，等. 2003. 绵羊反季节繁殖的技术研究[J]. 黑龙江畜牧兽医（6）：23.

张立红. 2018. 家畜养殖对环境产生污染的原因及防治措施[J]. 吉林农业（23）：82.

张元峻. 2013. 做好秋冬季动物疫病防控工作的措施[J]. 山东畜牧兽医，34（1）：87.

赵华. 2019. 简论家畜养殖中加强饲养管理及强化疫病防控之关键措施[J]. 中兽医学杂志（4）：96-97.

周辉. 2015. 浅谈羊的疾病预防控制[J]. 农民致富之友（2）：286.